Kosten der Betriebskräfte

bei 1—24stündiger Arbeitszeit täglich

und

unter Berücksichtigung des Aufwandes für die Heizung.

―――――

Für Betriebsleiter, Fabrikanten etc.

sowie

zum Handgebrauch von Ingenieuren und Architekten.

―――――

Herausgegeben von

Otto Marr, Ingenieur.

München und Berlin.

Druck und Verlag von R. Oldenbourg.

1901.

Einleitung.

Nachdem in den letzten Jahren in Städten mit elektrischen Centralen den kleineren Gasmotoren durch Aufstellung und Anwendung von Elektromotoren starke Konkurrenz erwachsen ist, haben sich grofse Gasmotoren durch Benutzung der Hoch- und Koksofengase in der Eisenindustrie ein Feld erobert, auf dem bisher nur der Dampf herrschte und auf welchem sie in Gröfsen bis zu 1000 und mehr Pferdestärken bald im Betrieb sein werden.

So verdrängt eins das andere und es ist daher angebracht, sich ein Urteil zu verschaffen über die Art, in welcher man ein Werk, eine Anlage oder dergleichen am zweckmäfsigsten betreibt.

Hierüber geben neuere Schriften, wie die Eberle'sche »Kosten der Krafterzeugung« und die Körting'sche »Nutzen der Verbrennungskraftmaschinen etc.« vielfachen und oft genügenden Anhalt, doch lassen sie bei genauerer Prüfung noch manche Fragen offen, so dafs eine nochmalige und umfassendere Bearbeitung desselben Themas zweckdienlich erscheint.

Die nachfolgenden Tabellen sind ausgearbeitet für den schnellen Vergleich der Betriebskosten von Dampf- und Gas-Kraftanlagen und zwar für Leistungen bis zu 100 Pferdestärken, bei Betriebszeiten von verschiedener Dauer und für verschiedene Brennstoffarten und Preise.

Aufserdem ist für kleinere Verhältnisse elektrischer und Gas-Betrieb einem Vergleiche unterzogen und vor allem der Einflufs berücksichtigt, den die Benutzung des Abdampfes zu Heizzwecken auf die Rentabilität ausübt.

Sämtliche Werte gelten für die thatsächlichen, an die Schwungradwelle abgegebenen Bremspferdekräfte à 75 Sek.-kgm, und beim Gasbetrieb für ein mittleres Leuchtgas von ca. 5000 WE., 15° C. Temperatur und ca. 20 mm Spannung.

Beim Dampfbetrieb ist alles bezogen auf den Dampfpreis, worunter die Kosten an Brennstoff zur Erzeugung von 1000 kg Dampf, resp. für die Verdampfung von 1000 kg Wasser zu verstehen sind. Sehr wünschenswert wäre eine allgemeinere solche Bezeichnung, die nach den dafür angegebenen Regeln nicht besonders schwierig und für den Besitzer oder Leiter eines Werkes jedenfalls wichtiger ist, als die des Verbrauchs an Kohlen von 7 bis 8 facher Verdampfung.

Haben doch die allerwenigsten Brennstoffe eine solche, sondern schwanken ihre Werte nach allen Seiten aufserordentlich, während der Preis der Dampferzeugung sich überall innerhalb der Grenzen von Mk. 2 bis 3 pro 100 kg halten dürfte.

Für eine Reihe von Zahlen, wie Reparaturen und Instandhaltung, Anschaffungskosten, sind Schätzungswerte eingesetzt, welche gewöhnlichen Verhältnissen ungefähr entsprechen.

Es ist aufserdem in jedem einzelnen Falle leicht, sie durch andere, richtigere zu ersetzen, sofern solche vorliegen, und danach die Tabellenwerte zu korrigieren.

Die Anschaffungskosten.

Ihre Ermittelung ist nötig, da die aufgewendete Summe verzinst und ebenfalls amortisiert werden mufs, damit, wenn dereinst die Anlage aufgebraucht ist, oder sie sich aus anderen Gründen nicht mehr zur Benutzung eignet, ihr Anlagewert so weit verdient ist, dafs für den Betrag der Abschreibungen, zuzüglich des Erlöses für die alte Einrichtung eine, mindestens der ursprünglichen gleichwertige neue, beschafft werden kann.

In vielen Fällen spielt das Anlagekapital eine weitere Hauptrolle, als es dem Unternehmer an den nötigen Mitteln fehlt, um eine verhältnismäfsig teuere, im Betriebe aber billige Anlage zu beschaffen, und er dafür lieber zunächst eine billige Einrichtung nimmt, wenn sich ihr Betrieb auch etwas teuerer stellt. Diese Handlungsweise ist jedoch nur berechtigt, wenn es sich um eine vorläufige oder provisorische Einrichtung handelt, welche in verhältnismäfsig kurzer Zeit ganz oder der Hauptsache nach amortisiert sein mufs.

Allerdings gehören diese Kosten nicht zu den direkten Betriebsausgaben, wohl aber zu den indirekten, welche nicht vernachlässigt werden dürfen, wenn man ein wahres Bild über das Ganze gewinnen will.

Es geschieht dies jedoch häufig, zum eigenen Schaden der Betreffenden, was sich mit der Zeit selbstverständlich rächt.

Der Preis der Maschinen variiert sehr bedeutend, ebenso wie der des Grund und Bodens für die erforderlichen Baulichkeiten; aufserdem schwanken die Kosten für Herstellung der Fundamente, der Rohrleitungen und Montage, kurz für alles, was mit der Anlage im Zusammenhang steht.

Es ist deshalb bei einer vorherigen Kalkulation nur möglich, allgemeine Mittelwerte zu Grunde zu legen, und wollen wir diese festzustellen suchen. Wir beschränken uns dabei auf folgende Maschinensorten:

1. kleine Elektromotoren bis 5 Pfdkr. von elektr. Centralen betrieben;
2. kleine Gasmotoren bis 5 Pfdkr.;
3. Dampfmaschinen von 10 bis 100 Pfdkr.;
4. Gasmotoren » 10 » 100 »

Bei gröfseren Anlagen ist die Berechnung der Betriebskosten zwar noch wichtiger und wird ihr deshalb auch eine eingehendere Berücksichtigung zu teil, als bei kleineren Anlagen zu geschehen pflegt, doch stehen dafür sowohl genaue Daten, als genügende Sachverständige und die erforderliche Zeit zur Verfügung, so dafs hier davon abgesehen werden kann.

Die Anlagekosten der Elektromotoren bestehen aus dem Preise des Motors, wozu an kleineren Beträgen die Fracht, Verpackung, Montage, Zuleitung, etwaiger Anlafswiderstand mit Ausschalter kommen. Für Platzbedarf, Fundamentierung ist nichts anzusetzen, da diese Motoren vielfach an solchen Stellen zur Aufstellung gelangen, die sonst absolut keine oder nur nebensächliche Verwendung finden.

Unter Berücksichtigung hiervon können gegenwärtig als ihre Anlagekosten gelten:

Gröfse:	1	2	3	4	5 Pfdkr.
Preis:	500	700	900	1100	1300 Mk.

Für Gasmotoren gleicher Gröfse sind dagegen in Anschlag zu bringen:

Gröfse:	1	2	3	4	5 Pfdkr.
Preis:	1400	1800	2200	2600	3000 Mk.

Diese letzten Beträge enthalten ebenfalls nichts für den Platzbedarf oder die Herstellung eines besonderen Maschinenraumes, da dieser nur da nötig ist, wo die Behörde ihn vorschreibt, wie im Königreich Sachsen, aber selbst in diesem Falle sind wesentliche Ausgaben dafür nicht in Anschlag zu bringen. Dagegen sind eingeschlossen die Herstellung des Fundaments, sämtliche Rohrleitungen mit Zubehör, die Kühlgefäfse, sowie Verpackungen, Frachtkosten und Montage.

In gleicher Weise setzen wir die Anlagekosten von Dampfmaschinen und gröfseren Gasmotoren fest, wobei wir uns im wesentlichen auf die von Eberle hierüber gemachten Angaben stützen.[1]

---

[1] Eberle, Chr., Kosten der Krafterzeugung. Knapp, 1898.

Bei Dampfmaschinen sind hierbei in die Anlagekosten eingerechnet: Dampfkessel mit Einmauerung, Speisevorrichtungen und Wasserreinigung, Dampfmaschine mit Fundament, Rohrleitungen und Montage, sowie außerdem an Bauarbeiten: Maschinen- und Kesselhaus mit Schornstein.

Zu den Anlagekosten der Gasmotoren sind zu zählen: Motor mit Fundament, Anlaßvorrichtung, Rohrleitungen mit Zubehör, Kühlvorrichtung, Frachtkosten, Verpackung und Montage. — Besondere Baulichkeiten sind für diese Motoren nicht vorgesehen, da sie meistens in Kellern oder sonstigen untergeordneten Nebenräumen der Fabriken und Geschäftshäuser Aufstellung finden.

Mit gleichem Recht läßt sich allenfalls sagen, daß für Unterbringung der bloßen Dampfmaschine besondere Räume auch nicht nötig sind, sondern nur für die Kessel, außer dem nötigen Platz für Kohlen und Asche, An- und Abfuhr der letzteren.

Der Einfachheit wegen werden wir daher in beiden Fällen die Kosten der Maschinenhäuser außer acht lassen und nur diejenigen für Kesselhaus, Kohlenschuppen, Aschengrube und Schornstein, sowie für den erforderlichen Hofraum in Betracht ziehen. Hiernach erhalten wir als mittlere Anlagekosten

a) für Dampfmaschinen:

Tabelle 1.

Größe in Pfdkr. . .	10	20	30	40	50	60	80	100
Baulichkeiten: Mk. . .	3000	4000	5000	6000	7000	8000	9000	10000
Maschineller Teil: Mk.	6000	9000	12000	15000	18000	21000	26000	31000
Zusammen: Mk.	9000	13000	17000	21000	25000	29000	35000	41000

b) für Gasmotoren:

Größe in Pfdkr. . .	10	20	30	40	50	60	80	100
Maschineller Teil: Mk.	5000	7000	9000	11000	13000	15000	19000	23000

Die direkten Betriebsausgaben.

Diese bestehen, je nach der Kraftquelle:

1. aus den Beträgen für den elektrischen Strom   insgemein
   oder aus den Beträgen für den Dampf   aus den Kosten
   » » » » » das Betriebsgas   der Kraft;

2. aus den Unterhaltungs- und Reparaturkosten, sowie denjenigen für Putzwolle, Schmieröl u. s. w.;

3. aus den Bedienungskosten.

Wir wollen sie der Reihe nach und zwar für folgende Fälle ermitteln:

I. für 300 Arbeitstage und täglich 1 bis 24 Betriebsstunden, sowie für mehrere Preise der Kraft;

II. für 360 Arbeitstage und täglich 1 bis 24 Betriebsstunden, bei einem Grundpreise der Kraft.

1. Kosten der Kraft.

a) Elektrischer Betrieb.

Dieser wird in den meisten Städten berechnet mit 20 Pfg. für 1000 abgegebene Wattstunden, aufser einer Miete für den Zähler derselben. »Watt« oder »Voltampère« ist die elektrische Mafseinheit, und bezeichnet das Produkt aus Spannung oder Volt und Stromstärke oder Ampère.[1]

Zum Betriebe der verschiedenen Elektromotoren werden erfordert per Stunde:

Tabelle 2.

Gröfse:	1	2	3	4	5	Pfdkr.
Kraftbedarf:	1000	1900	2800	3700	4500	Watt.

Bei einem Preise von 20 Pfg. pro 1000 Wattstunden gibt dies:

| pro Stunde: | 20 | 38 | 56 | 74 | 90 | Pfg. |

Hierzu kommt an Zählermiete jährlich:

| | 15 | 25 | 35 | 35 | 35 | Mk. |

---

[1] Aufser diesen Mafseinheiten kennt die Elektricität noch andere, speciell eine solche für den elektrischen Widerstand, die mit »Ohm« bezeichnet wird. Sie ist gleich dem Widerstande einer Quecksilbersäule von 106 cm Länge und 1 qmm Querschnitt bei 0° C, oder demjenigen eines Kupferdrahtes von ca. 48 m Lange bei 1 qmm Querschnitt und 0° C.

1 Volt dagegen ist $= ^9/_{10}$ der Spannung an den Polen eines Daniell'schen Elements.

1 Ampère endlich bezeichnet die Stromstärke, welche in einem Leiter herrscht, dessen Widerstand = 1 Ohm, und an dessen Enden eine Spannungs-differenz = 1 Volt besteht.

Die Quantität oder Menge der Elektricität wird gemessen iu Coulomb und bezeichnet ein solches diejenige Menge, die einen Leiter in einer Sekuude mit 1 Ampère Stromstärke durchfliefst.

Da nun von diesem Elektricitätsquantum bei einer Spannung von 1 Volt, soferne man es in Wärme umsetzt, 0,00024 Kalorien geliefert werden und eine Kalorie einem mechanischen Arbeitsäquivalent von ca. 424 mkg entsqricht, so haben 75 mkg (pro Sek.) oder eine mechanische effektive Pferdekraft einen

$$\text{Wert} = \frac{75}{0,00024 \cdot 424} = 736 \text{ Voltampère},$$ d. h. eine elektrische Kraft von einer Spannung $= x$ Volt und einer Stromstärke $= y$ Ampère leistet theoretisch

Bei diesen Motoren, ebenso wie den damit zu vergleichenden Gasmotoren, werden wir nur eine Kostenberechnung für 300 Arbeitstage pro
anno machen, da ihre Verwendung sich meistens auf die Wochentage
beschränkt, und die Kosten für 360 Arbeitstage sich ziemlich proportional
der verlängerten Betriebszeit erhöhen.

Somit erhalten wir nachstehende Werte:

**Jährliche Kraftkosten in Mark für Elektromotoren bei
300 Arbeitstagen und einem Strompreise von 20 Pfg. pro 1000 Wattstunden, einschliefslich der Zählermiete.**

Tabelle 3.

Tägliche Betriebszeit in Stunden	Gröfse der Motoren: Pferdekräfte				
	1	2	3	4	5
1	75	139	203	257	305
2	135	253	371	479	575
3	195	367	539	701	845
4	255	481	707	923	1115
5	315	595	875	1145	1385
6	375	709	1043	1367	1655
7	435	823	1211	1589	1925
8	495	937	1379	1811	2195
9	555	1051	1547	2033	2465
10	615	1165	1715	2255	2735
11	675	1279	1883	2477	3005
12	735	1393	2051	2699	3275
15	915	1735	2555	3365	4085
18	1095	2077	3059	4031	4895
21	1275	2419	3563	4697	5705
24	1455	2761	4067	5363	6515

b) Leuchtgasbetrieb.

Der Preis des Gases für Motorenbetrieb ist ein verschiedener und
vielfach auch davon beeinflufst, ob die betriebenen Motoren zur Erzeugung elektrischen Lichtes dienen sollen oder nicht.

$\frac{x \cdot y}{736}$ Pferdestärken. Werden die 736 Voltampère oder Watt für die Dauer einer
Stunde ausgeübt, so entsprechen sie einer Pferdekraftstunde u. s. f. Dieser
theoretische Wert derselben vermindert sich natürlich in der Praxis bedeutend,
je nach der Anzahl und Art der Umformungen, die der elektrische Strom bis
zur Verwendungsstelle zu erfahren hat.

Für gewöhnliche gewerbliche Zwecke kostet Motorengas pro Kubikmeter in Düsseldorf, Köln, Elberfeld u. s. w. 8 Pfg., in Berlin 10 Pfg., in Hamburg, Leipzig, Hannover 12 Pfg.

Für diese drei Preise wollen wir die Kraftkosten feststellen und aufserdem diejenigen für 1 Pfg., wodurch sich jederzeit leicht die Kosten für von obigen abweichende Gaspreise berechnen lassen. Der Gaskonsum der zunächst betrachteten kleinen Motoren ist durchschnittlich, dem gröfserer und grofser Motoren gegenüber, noch ein hoher und kann angenommen werden für mittleres Leuchtgas von gewöhnlicher Spannung und Temperatur bei:

1	2	3	4	5 Pfdkr. zu
1000	950	900	825	780 l pro Stunde.

Diese Werte ergeben folgende Tabelle:

Jährliche Kraftkosten kleiner Gasmotoren in Mark bei 300 Arbeitstagen und einem Gaspreise von 8, 10, 12 Pfg. pro Kubikmeter:

Tabelle 4.

Tägliche Betriebsstunden	Grösse der Motoren: Pferdekräfte														
	1			2			3			4			5		
	8	10	12	8	10	12	8	10	12	8	10	12	8	10	12
1	24	30	36	45,6	57	68,4	65	81	97	79,2	99	119	93,6	117	140,4
2	48	60	72	91,2	114	137	130	162	194	158	198	238	187	234	281
3	72	90	108	136,8	171	205	195	243	291	237	297	357	281	351	421
4	96	120	144	182,4	228	274	260	324	388	316	396	476	374	468	562
5	120	150	180	228	285	342	325	405	485	395	495	595	468	585	702
6	144	180	216	274,8	342	410	390	486	582	474	594	714	562	702	842
7	168	210	252	319	399	479	455	567	679	553	693	833	655	819	983
8	192	240	288	365	456	547	520	648	776	632	792	952	749	936	1123
9	226	270	324	410	513	616	585	729	873	713	891	1069	842	1053	1264
10	240	300	360	456	570	684	648	810	972	792	990	1188	936	1170	1404
11	264	330	396	502	627	752	713	891	1069	871	1089	1307	1030	1287	1544
12	288	360	432	547	648	821	778	972	1166	950	1188	1426	1123	1404	1685
15	360	450	540	684	855	1026	972	1215	1458	1188	1485	1782	1404	1755	2106
18	452	540	648	820	1026	1232	1166	1458	1750	1426	1782	2138	1684	2106	2528
21	504	630	756	957	1197	1436	1361	1701	2041	1663	2079	2495	1965	2457	2948
24	576	720	864	1094	1368	1642	1556	1944	2332	1901	2376	2851	2246	2808	3370

Um für den Betrieb durch Benzin oder Petroleum auch einen Anhalt zu geben, möge hier eingeschaltet werden, dafs 1 cbm Gas ungefähr 0,55 kg Benzin oder 0,65 kg Petroleum entspricht.

Man hat also nur den Preis eines Kilogramms Benzin mit 0,55 zu multiplizieren, um den entsprechenden Gaspreis zu erhalten. Erwägt man ferner, daſs die Kraftkosten bei 10 Pfg. Gaspreis die zehnfachen derjenigen von 1 Pfg. Gaspreis sind, so braucht man nur die für 10 Pfg. Gaspreis angegebenen Werte der Tabelle durch 10 zu dividieren und mit dem nach obigen gefundenem Wert zu multiplizieren, um die Kraftkosten für Benzin- oder Petroleumbetrieb zu erhalten.[1])

Kostet beispielsweise Motorenbenzin Mk. 30.— pro 100 kg, also 30 Pfg. pro kg, so entspricht dies einem Gaspreise von 0,55 · 30 = 16,5 Pfg. Es wären demnach die für 10 Pfg. angegebenen Werte durch 10 zu dividieren und mit 16,5 zu multiplizieren, um die Kraftkosten des betreffenden Motors bei Benzinbetrieb zu erhalten.

Bei gröſseren Gasmotoren kann der Verbrauch an gewöhnlichem Leuchtgas mittlerer Temperatur und Spannung gesetzt werden, bei einer Beanspruchung gleich der Anzahl Pferdestärken, für welche sie verkauft wurden:

bei Motoren von	10	20	30	40	50	60	80	100 Pfdkr.
pro Std. u. Pfdkr.	650	625	600	575	575	550	550	550 l.

Reduziert man diese Verbrauchszahlen auf Gas von 0⁰, 760 mm absoluten Barometerstand und auf volle Motorenbelastung, so entsprechen sie ungefähr den Garantiezahlen der besseren Motorenfabriken, zuzüglich eines geringen Aufschlages, der dem Mehrverbrauch in der Praxis, gegenüber dem der Abnahmeprüfung, Rechnung trägt.'

Unter ihrer Zugrundelegung ist folgende Tabelle für 300 Arbeitstage berechnet.

Jährlicher Gasverbrauch gröſserer Motoren bei 300 Arbeitstagen in je 10 cbm:

Tabelle 5.

Tägliche Betriebszeit in Stunden	Gröſse der Motoren und Verbrauch in Litern pro Stundenpferdekraft							
	10	20	30	40	50	60	80	100 Pferdekräfte
	650	625	600	575	575	550	550	550 Liter
1	195	375	540	690	862	990	1320	1560
2	390	750	1080	1380	1725	1980	2640	3120
3	585	1125	1620	2070	2587	2970	3960	4680
4	780	1500	2160	2760	3450	3960	5280	6240
5	975	1875	2700	3450	4312	4950	6600	7800
6	1170	2250	3240	4140	5175	5940	7920	9360
7	1365	2625	3780	4830	6037	6930	9240	10920
8	1560	3000	4320	5520	6901	7920	10560	12480
9	1750	3375	4860	6210	7762	8910	11880	14040
10	1950	3750	5400	6900	8625	9900	13200	15600

[1]) Siehe hierüber auch Seite 60.

Tägliche Betriebszeit in Stunden	Gröfse der Motoren und Verbrauch in Litern pro Stundepferdekraft							
	10	20	30	40	50	60	80	100 Pferdekräfte
	650	625	600	575	575	550	550	550 Liter
11	2145	4125	5940	7590	9487	10890	14520	17160
12	2340	4500	6480	8280	10350	11880	15840	18720
15	2925	5625	8100	10350	12937	14850	19800	23400
18	3510	6750	9720	12420	15525	17820	23760	28080
21	4095	7875	11340	14490	18112	20790	27720	32760
24	4740	9000	12960	16560	20700	23760	31680	37440

Hiernach ergeben sich folgende 3 Tabellen über die jährlichen Gaskosten in Mark für 300 Arbeitstage bei Gaspreisen von 8, 10 und 12 Pfg. pro Kubikmeter:

Tabelle 6.

8 Pfg. Gaspreis pro Kubikmeter.

Tägliche Betriebszeit	Pferdekräfte							
	10	20	30	40	50	60	80	100
1	156	300	432	552	690	792	1056	1248
2	312	600	864	1104	1380	1584	2112	2496
3	468	900	1296	1656	2070	2376	3168	3744
4	624	1200	1728	2208	2760	3168	4224	4992
5	780	1500	2160	2760	3450	3960	5280	6240
6	936	1800	2592	3312	4140	4752	6336	7488
7	1092	2100	3024	3864	4830	5544	7392	8736
8	1248	2400	3456	4416	5520	6336	8448	9984
9	1404	2700	3888	4968	6210	7128	9504	11232
10	1560	3000	4320	5520	6900	7920	10560	12480
11	1716	3300	4752	6072	7590	8712	11116	13728
12	1872	3600	5184	6624	8280	9504	12672	14976
15	2330	4500	6480	8280	10350	11880	15840	18720
18	2808	5400	7776	9936	12420	14256	19008	22464
21	3276	6300	9072	11592	14490	16632	22176	26208
24	3744	7200	10368	13248	16560	19008	25344	29952

Tabelle 7.
10 Pfg. Gaspreis pro Kubikmeter.

Tägliche Betriebs-zeit	Pferdekräfte.							
	10	20	30	40	50	60	80	100
1	195	375	540	690	862	990	1320	1560
2	390	750	1080	1380	1725	1980	2640	3120
3	585	1125	1620	2070	2587	2970	3960	4680
4	780	1500	2160	2760	3450	3960	5280	6240
5	975	1875	2700	3450	4312	4950	6600	7800
6	1170	2250	3240	4140	5175	5940	7920	9360
7	1365	2625	3780	4830	6037	6930	9240	10920
8	1560	3000	4320	5520	6900	7920	10560	12480
9	1755	3375	4860	6210	7762	8910	11880	14040
10	1950	3750	5400	6900	8625	9900	13200	15600
11	2145	4125	5940	7590	9487	10890	14520	17160
12	2340	4500	6480	8280	10350	11880	15840	18720
15	2925	5625	8100	10350	12937	14850	19800	23400
18	3510	6750	9720	12420	15525	17820	23760	28080
21	4095	7875	11340	14490	18112	20790	27720	32760
24	4740	9000	12960	16560	20700	23760	31680	37440

Tabelle 8.
12 Pfg. Gaspreis pro Kubikmeter.

Tägliche Betriebs-zeit	Pferdekräfte.							
	10	20	30	40	50	60	80	100
1	234	450	648	828	1035	1188	1584	1872
2	468	900	1296	1656	2070	2376	3168	3744
3	702	1350	1944	2484	3105	3564	4752	5616
4	936	1800	2592	3312	4140	4752	6336	7488
5	1170	2350	3240	4140	5175	5940	7920	9360
6	1404	2700	3888	4968	6210	7128	9504	11232
7	1638	3150	4536	5796	7245	8316	11088	13104
8	1872	3600	5184	6624	8280	9504	12672	14976
9	2106	4050	5832	7452	9315	10692	14256	16848
10	2340	4510	6480	8280	10350	11880	15840	18720
11	2574	4950	7128	9108	11385	13068	17424	20592
12	2808	5400	7776	9936	12420	14256	19008	22464
15	3510	6750	9726	12420	15525	17820	23760	28080
18	4212	8100	11664	14904	18630	21384	28512	33696
21	4914	9450	13608	17388	21735	24968	33264	39312
24	5616	10800	15552	19872	24840	28512	38016	44928

Da bei 360 jährlichen Arbeitstagen die Gaskosten sich genau um 20 % höher stellen, so sind hierüber keine besonderen Tabellen aufgestellt.

c) Dampfkosten.

Den Dampf als solchen kann man nur in seltenen Fällen gegen Entgelt beziehen, sondern ist gezwungen, ihn sich selbst in besonderen Kesselanlagen herzustellen, welche dann, zusammen mit der Dampfmaschine, die gesamte Dampfkraftanlage bilden.

Die Ausgaben für den zur Erzeugung des Dampfes nötigen Brennstoff repräsentieren für unsere Zwecke die Dampfkosten.

Als Brennmaterial gelangt in den einzelnen Gauen des Deutschen Reiches nicht allein Kohle von der verschiedensten Beschaffenheit, sondern auch Holz, Torf, Lohe, Teer, Petroleum u. s. w. zur Verwendung, so dafs es unzweckmäfsig ist, nur gute Steinkohle zu Grunde zu legen, wie meistens geschieht. Stellt sich doch selbst diese verschieden hoch im Preise, je nach der Entfernung vom Fundort, resp. nach den Transportkosten, die darauf lasten.

Um also hierin zu etwas Einheitlicherem zu gelangen, ist zu ermitteln mit wieviel Kilogramm von jedem Brennstoff 1000 kg Dampf erzeugt oder, was dasselbe sagt, 1000 kg Wasser verdampft werden können.

Da uns bekannt, dafs zur Verwandlung von 1 kg. Wasser von 0^0 in Dampf von 100 C. rund 640 Kalorien[1]) nötig sind, so brauchen wir nur zu wissen, wieviel solcher Kalorien 1 kg des Brennstoffes bei vollkommener Verbrennung entwickelt, um daraus auf seine Verdampfkraft schliefsen zu können.

Leider ist jedoch die Zusammensetzung eines und desselben Brennstoffes oft sehr verschieden, doch dürfen als brauchbare Mittelwerte die nachstehenden gelten:

Tabelle 9.

Brennstoff	1 kg entwickelt theoretisch
	Kalorien[2])
Westfälische Steinkohle	ca. 7500
Sächsische Steinkohle	» 6000
Oberschlesische Steinkohle	» 6750
Englische Steinkohle	» 6800
Koks	» 6600

[1]) 1 Kalorie oder Wärmeeinheit ist diejenige Wärmemenge, die zur Erhöhung der Temperatur von 1 kg Wasser um 1^0 C. nötig ist.

[2]) Sehr ausführliche Tabellen über Heizwert verschiedener Brennstoffe finden sich Zeitschrift d. V. D. I., Jahrg. 98, S. 782, Jahrg. 99, S. 333. Warum der Verfasser der letzteren Tabelle die Durchschnittswerte um ca. 300 Kalorien höher annimmt, als von uns oben geschah, ist uns unklar.

Brennstoff	1 kg entwickelt theoretisch
	Kalorien
Böhmische Braunkohle	ca. 4500
Mitteldeutsche Braunkohle	2200—4500
Bornaer, Markranstädter }Braunkohle . . Meuselwitzer, Zwenkauer }	ca. 2300
Braunkohlenbriketts	» 4500
Torf	2700—4300
Holz, mit 20 % Wasser	ca. 2700
Naphtharückstände	» 10000
Leuchtgas, pro cbm	» 5000
Wassergas, » »	» 2700
Dowsongas, aus Koks	1200—1250
» aus Anthracit	1300—1350

Für die Praxis kann man annehmen, daſs zum Verdampfen von 1 kg Wasser ca. 1000 WE. aufgewandt werden müssen, anstatt der theoretisch benötigten 640—650, entsprechend einem Nutzeffekt der Kesselanlage von ca. 65%.

Kennt man nun den Kohlenpreis so ist es sehr einfach, die Dampfkosten zu bestimmen.

Derselbe variiert aber sehr: er ist im Winter ein anderer, als im Sommer und macht bei Arbeitseinstellungen oder dergleichen unberechenbare Sprünge. Als mittlere Preise lieſsen sich Anfang 1900 z. B. folgende Sätze für Leipzig pro 1000 kg betrachten:

Kohlensorte:		Preis ab Zeche:	Fracht:	Anfuhr:	Ascheabfuhr
Zwickauer, resp. Ölsnitzer	Mk.	150.—	35.—	10.—	—.—
Böhmische mittl. Braunkohle	»	35.—	70.—	10.—	3.—
Meuselwitzer, geringwertige	»	30.—	20.—	10.—	5.—
Brikettstücke	»	80.—	18.—	10.—	5.—

	Insgesamt:	
	Bei eigenem Anschluſsgeleise:	Einschlieſslich Abfuhr vom Bahnhof:
Zwickauer:	ca. Mk. 185.—	ca. Mk. 195.—
Böhmische:	» » 108.—	» » 118.—
Meuselwitzer:	» » 55.—	» » 65.—
Brikettstücke:	» » 103.—	» » 113.—

Hiernach kosten 1000 kg Dampf bei Verfeuerung von:

Zwickauer Steinkohle: $\dfrac{18,50}{6} =$ Mk. 3,08, oder $\dfrac{19,50}{6} =$ Mk. 3,25

Böhmische Braunkohle: $\dfrac{10,80}{4,5} =$ » 2,40, » $\dfrac{11,80}{4,5} =$ » 2,62

Meuselwitzer Braunkohle: $\dfrac{5,50}{2,3} =$ » 2,39, » $\dfrac{6,50}{2,3} =$ » 2,83

Brikettstücken: $\dfrac{10,30}{4,5} =$ » 2,30, » $\dfrac{11,30}{4,5} =$ » 2,51

Somit ergäbe sich als mittlerer Wert ca. Mk. 2,50 pro 1000 kg.

In gleicher Weise lassen sich für andere Städte Mittelwerte berechnen, und schätzen wir als solche, auf Grund von Mitteilungen, für Düsseldorf und Hamburg Mk. 2,50, München Mk. 3.—, Dortmund etc. Mk. 2.— u. s. w.

Wie schon erwähnt, wird auf die Feststellung dieser Zahlen viel zu wenig Gewicht gelegt, indem sowohl Kohlenkäufer, als Verkäufer sich in den wenigsten Fällen über den wirklichen Heizwert des Brennstoffes klar sind und es dem Käufer anheimgegeben bleibt, aus dem Brennmaterial herauszuholen, was er vermag. — So gut aber, wie andere Stoffe nach Stückproben gehandelt werden, ebenso gut sollte dies bei Kohlen durchführbar sein, so daſs ein Verkauf nur auf Grund des Heizwertes stattfände, und nicht bloſs der billige Preis eines Brennstoffes den Ausschlag gäbe.

Unter allen Umständen ist es aber das Richtigste, vergleichende Berechnungen nur auf den Dampfpreis in obigem Sinne zu stützen.

Unsere Tabellen sind daher auch berechnet für Beträge von Mk. 2.—, Mk. 2,50 und Mk. 3.— pro 1000 kg Dampf und enthalten auſserdem die jährliche Differenz für je 10 Pfg. Abweichung, so daſs es leicht ist, auch für andere Werte die Kosten zu ermitteln.

Aber nicht allein die Dampfpreise sind maſsgebend für die Kraftkosten, sondern ebenso der Verbrauch der einzelnen Maschinengröſsen und Konstruktionen, und schwankt dieser ebenfalls, denn jede Maschine läſst sich für 4, 6, 8, 10 Atm. Spannung, mit verschiedenen Kolbengeschwindigkeiten und Füllungsgraden, mit und ohne Kondensation etc. etc. bauen und benötigt dementsprechend auch Dampf in gröſserer oder geringerer Menge.

Für unsere Zwecke benötigen wir die Verbrauchsziffern pro effektive, oder Netto-Pferdekraft und Stunde:

    a) von gewöhnlichen Auspuffmaschinen,

    b) von eincylindrigen Kondensationsmaschinen,

    c) von Compound-Kondensationsmaschinen

in Stärken bis 100 effektive Pferdekräfte.

Nach Hrabak betragen dieselben bei günstigstem Füllungsgrad und passendster Kolbengeschwindigkeit für die Nettopferdekraft und Std. in kg:

für gewöhnliche eincylindrige Auspuffmaschinen:

Betriebs-spannung	10		20		30		40 Nettopfdkr.	
4 Atm.	27,4	20,4	25,2	19,5	24,2	19,1	23,7	18,3
6 »	22,6	17	21,3	16,5	20,4	16,1	19,6	15,7
8 »	19,9	14,7	18,7	14,3	17,8	13,9	17,2	13,6

	50		60		80		100 Nettopfdkr.	
6 »	19,2	15,5	18,7	15,3	18,2	15	17,8	14,8
8 »	16,7	13,4	16,3	13,2	16	13	15,7	12,9
10 »	15,7	12,5	15,4	12,4	15	12,2	14,7	12

(Die beigesetzten kleinen Zahlen bezeichnen den Dampfverbrauch pro indizierte Pferdekraft.)

In gleicher Weise finden wir für eincylindrige Kondensationsmaschinen bei den effektiven Stärken von

Betriebsdruck	30		40		60		80		100 Pfdkr.	
5½ Atm.	15	11,2	14,6	11,1	14	10,8	13,3	10,5	13	10,3 kg pr. Std.
7½ »	14,2	10,6	13,7	10,4	13,2	10,2	12,7	10	12,4	9,8 » » »
9½ »	13,5	10,2	13,2	10,1	12,5	9,7	12,3	9,6	11,8	9,4 » » »

Für Compound-Kondensationsmaschinen endlich ergibt sich bei 9 Atm. Betriebsspannung für die effektive Pferdekraft und Stunde und bei Beanspruchungen von

60	80	100 effekt. Pfdkr.
10,3 7,7	10 7,6	9,6 7,4 kg.

Berücksichtigen wir nun noch, daſs durchweg die kleineren Maschinen mit verhältnismäſsig niedrigen, die gröſseren und grofsen aber mit immer höheren Spannungen im Cylinder arbeiten, daſs wir deshalb für kleinere Maschinen auch die höheren Verbrauchsziffern, für gröſsere die geringeren einzusetzen haben, und daſs endlich die Dampfrohrleitung Verluste bringt von oft nicht unbeträchtlicher Höhe, so können wir als geeignete Werte einsetzen für gewöhnliche Maschinen:

Tabelle 10.

a) Auspuffmaschinen:

10	20	30	40	50	60	80	100 Pfdkr.
24	22	20	18,5	17,5	17	16,5	16 kg

b) eincylindrige Kondensationsmaschinen:

30	40	60	80	100 Pfdkr.
15	14	13,5	13	12,5 kg

c) Compound-Kondensationsmaschinen:

60	84	100 Pfdkr.
10,3	10	9,6 kg

Diese Zahlen beziehen sich auf die effektiv geleistete Pferdestärke, einschliefslich aller Verluste in Maschine und Rohrleitungen pro Stunde des wirklichen Betriebes.

Aber nicht allein während des letzteren wird Dampf konsumiert, sondern auch während des Stillstandes der Maschinen, während der Pausen, da in denselben Kessel, Rohrleitung und Maschinen abkühlend dastehen und zur Wiedererwärmung, resp. zur Warmhaltung einer gewissen Menge Dampfes, resp. Brennstoffes bedürfen, ebenso wie das Anheizen der Kessel und erste Anwärmen von Rohrleitungen und Maschinen solchen erfordert.

Leider sind die hierüber vorliegenden Angaben aus der Praxis nur gering, und das Wenige, was darüber vorliegt, weicht aufserordentlich voneinander ab. Es ist dies auch natürlich, da sich schlecht feststellen läfst, wieviel von der morgens oder mittags aufgeworfenen Kohlenmenge für blofse Inbetriebsetzung oder Unterdampfhaltung zu rechnen ist, und wieviel davon schon auf den nachfolgenden Betrieb kommt. Aufserdem kühlt selbstverständlich ein einzelner, exponiert liegender Kessel ganz anders aus, als eine gröfsere zusammenliegende Kesselbatterie. Der stärksten Abkühlung unterliegen unstreitig Lokomobilkessel, wodurch der Vorteil, welcher durch Einsetzen des Cylinders in den Dampfraum erzielt wird, gröfstenteils wieder verloren geht, — so dafs kein Grund bestehen bleibt, eine Lokomobile als solche für sparsamer im Betrieb zu bezeichnen, als eine stationäre Anlage.

Errichtet man auf einer horizontalen Achse, von einem Nullpunkt anfangend, Ordinaten in gleichen, den einzelnen Zeitabschnitten entsprechenden Abständen, trägt darauf die zugehörigen Abkühlungen ab, so erhält man für folgende Verhältnisse nachstehende Figur:

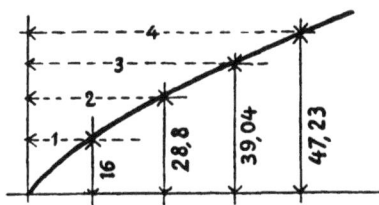

Ein Körper von 10 kg habe eine Temperatur von 100° C. und eine specifische Wärme = 1, so beträgt seine Gesamtwärme 1000 WE.

Die Aufsentemperatur sei 20° C. und die Abkühlungsflächen von solchen Verhältnissen, dafs sie pro Stunde und 1° T. D. 2 Kalorien abgeben, so wird die Abkühlung in folgender Weise stattfinden: in der

1. Stunde $(100 \div 20) \cdot 2 = 160$ WE., sodafs die Temp. auf 84° C. sinkt,
2. » $(84 \div 20) \cdot 2 = 128$ » » » » » 71,2 »
3. » $(71,2 - 20) \cdot 2 = 102,4$ » » » » » 60,96 »
4. » $(60,96 - 20) \cdot 2 = 81,92$ » » » » » 52,768 »

u. s. f.

2*

Dieselbe beträgt somit in:

1 Stunde	2 Stunden	3 Stunden	4 Stunden
16 ⁰ C.	28,8 ⁰ C.	39,04 ⁰ C.	47,232 ⁰ C.

wie obige Figur veranschaulicht, welche offenbar parabelartig verläuft.

Als geeignetes Maß für die Abkühlung dient der Brennstoffaufwand, der zu ihrem Ausgleich erforderlich ist, und läßt sich dieser am einfachsten ausdrücken durch die Anzahl Stunden, welche zu seiner Verfeuerung während des regelmäßigen Betriebes nötig sind.

Wie wir sehen, läßt sich für die Bestimmung der Kurve, nach welcher dieser Aufwand verläuft, allenfalls die Gleichung einer Parabel anwenden, und lautet dieselbe $y = \sqrt{p\,x}$, worin p eine bestimmte Zahl, den Parameter, bedeutet.

Bezeichnen wir mit x die Stundenzahl der Pause und mit y die in ihr erfolgende Abkühlung, ausgedrückt durch die Anzahl Heizstunden zu ihrem Ausgleich, so haben wir noch die Zahl p festzusetzen.

Nach reiflicher Erwägung und gründlicher Abschätzung aller einschlägigen Verhältnisse setzen wir $p = 0,1$, sodaß die Formel lautet:
$p = \sqrt{0,1 . x}.$

Es wird dann für:

$x =$ 1,	$y =$ 0,31	$x =$ 21,	$y =$ 1,45	$x =$ 41,	$y =$ 2,02
» = 2,	» = 0,45	» = 22,	» = 1,48	» = 42,	» = 2,05
» = 3,	» = 0,55	» = 23,	» = 1,52	» = 43,	» = 2,07
» = 4,	» = 0,63	» = 24,	» = 1,55	» = 44,	» = 2,10
» = 5,	» = 0,71	» = 25,	» = 1,58	» = 45,	» = 2,12
» = 6,	» = 0,77	» = 26,	» = 1,61	» = 46,	» = 2,14
» = 7,	» = 0,84	» = 27,	» = 1,64	» = 47,	» = 2,17
» = 8,	» = 0,89	» = 28,	» = 1,67	» = 48,	» = 2,19
» = 9,	» = 0,95	» = 29,	» = 1,70	» = 49,	» = 2,21
» = 10,	» = 1,00	» = 30,	» = 1,73	» = 50,	» = 2,24
» = 11,	» = 1,05	» = 31,	» = 1,76	» = 55,	» = 2,34
» = 12,	» = 1,09	» = 32,	» = 1,79	» = 60,	» = 2,45
» = 13,	» = 1,14	» = 33,	» = 1,82	» = 65,	» = 2,55
» = 14,	» = 1,19	» = 34,	» = 1,84	» = 70,	» = 2,64
» = 15,	» = 1,22	» = 35,	» = 1,87	» = 75,	» = 2,74
» = 16,	» = 1,26	» = 36,	» = 1,90	» = 80,	» = 2,83
» = 17,	» = 1,30	» = 37,	» = 1,93	» = 85,	» = 2,91
» = 18,	» = 1,34	» = 38,	» = 1,95	» = 90,	» = 3,00
» = 19,	» = 1,38	» = 39,	» = 1,97	»	»
» = 20,	» = 1,41	» = 40,	» = 2,00	»	»

Für das Neuanheizen eines außer Betrieb gewesenen Kessels kann man so viel Brennstoff rechnen, als während drei bis vier Stunden Betriebszeit gebraucht wird, und da nach obiger Tabelle nach 90 stündiger Pause ebenfalls der dreistündige Betriebsbedarf nötig ist, würde dies heißen, dafs nach dieser Zeit der Kessel völlig abgekühlt ist, was der Wahrheit ungefähr entspricht.

Wenn wir hiernach den jährlichen Zuschlag bestimmen, so wird derselbe je nach Zahl und Gröfse der Pausen verschieden ausfallen.

So haben wir für 360 Arbeitstage und täglich 10 Betriebsstunden bei einer jährlichen Unterbrechung von 5 Tagen zur Reinigung der Kessel etc.: 360 Arbeitstage à 10 Stunden = 3600 Stunden.

Für die Pausen sind an Heizstunden hinzuzurechnen:

$$\left.\begin{array}{l}\text{360 Pausen à 14 Stdn.} = 360.1,19 = 428 \\ \text{u. 1 Pause à 120 »} = 1.3, = 3\end{array}\right\} \text{zus. 431 Stdn.} = 11,9\,\%.$$

$$\left.\begin{array}{l}\text{oder 360 Pausen à 13 Stdn.} \left\{\begin{array}{l}\text{wenn 1 Stde.}\\ \text{Mittag gemacht}\\ \text{wird}\end{array}\right. = 360.1,14 \\ \text{360 » à 1 Std.} = 360.0,31 \\ \text{1 Pause à 120 Stdn.} = 3\end{array}\right\} \text{zus. 525 Stdn.} = 14,6\,\%.$$

Ebenso haben wir bei 300 jährlichen Arbeitstagen und 10 Betriebsstunden täglich:

300 Arbeitstage à 10 Stunden = 3000 Arbeitsstunden.

Hierauf kommen jährlich:

$$\begin{array}{llll}\text{56 Pausen an Sonn- und Feiertagen à 38 Stdn.} & = & 56.1,95 = & 8,31 \\ \text{3 » an hohen Festtagen à 77 »} & = & 3.2,77 = & 109,2 \\ \text{241 » à 14 »} & = & 241.1,19 = & 286,79 \\ \hline & & \text{zusammen } 404,3 = & 13,57\,\% \end{array}$$

Oder, wenn täglich 1 Stunde Mittag gemacht wird:

$$\begin{array}{llll}\text{56 Pausen à 37 Stdn.} & = & 56.1,93 = & 108,08 \\ \text{3 » à 76 »} & = & 3.2,76 = & 8,28 \\ \text{241 » à 13 »} & = & 241.1,14 = & 274,74 \\ \text{300 » à 1 Std.} & = & 300.0,31 = & 93,00 \\ \hline & & \text{zusammen } 484,10 = & 16,1\,\% \end{array}$$

Man sieht hieraus, dafs der prozentualische Zuschlag selbst für die gleiche Anzahl täglicher Betriebsstunden verschieden ausfallen kann.

Trotzdem bleibt dies der einzige Weg, um zu einem Resultat zu kommen, und sind danach folgende beiden Tabellen aufgestellt, einmal für 300 und das andere Mal für 360 Arbeitstage, wobei die Zahl der zuzuschlagenden Stunden passend abgerundet wurde, um allgemein gelten zu können.

Tabelle 12.
a) für 300 Arbeitstage jährlich:

Tägliche Betriebzeit in Stunden	Jährl. Betriebszeit in Stunden	Für Anheizen etc. jährlich		Totale Heizzeit in Stunden
		in Stunden	in Prozenten der Betriebszeit	
1	300	500	166,7	800
2	600	490	81,7	1090
3	900	480	53,3	1380
4	1200	470	39,2	1670
5	1500	460	30,7	1960
6	1800	450	25,0	2250
7	2100	440	21,0	2540
8	2400	430	17,9	2830
9	2700	420	15,5	3120
10	3000	410	13,7	3410
11	3300	400	12,1	3700
12	3600	390	10,8	3990
15	4500	350	7,8	4850
18	5400	300	5,5	5700
21	6300	240	3,8	6540
24	7200	100	1,4	7300

b) für 360 Arbeitstage jährlich:

1	360	550	152,8	910
2	720	540	75,0	1260
3	1080	530	49,1	1610
4	1440	520	36,2	1960
5	1800	510	28,3	2310
6	2160	500	23,1	2660
7	2520	490	19,4	3010
8	2880	480	16,7	3360
9	3240	470	14,5	3710
10	3600	460	12,8	4060
11	3960	450	11,4	4410
12	4320	440	10,2	4760
15	5400	380	7,0	5780
18	6480	300	4,7	6780
21	7560	200	2,6	7760
24	8640	10	0,1	8650

Bei unregelmäfsigem Betrieb, wie er z. B. bei Elektricitätswerken vorkommt, verfährt man am besten, indem man die, der jährlichen Betriebszeit entsprechende, mittlere tägliche Stundenzahl zu Grunde legt, also z. B. bei insgesamt 1400 jährlichen Stunden die Zahlen der Tabelle b für eine tägliche Betriebsdauer von 4 Stunden u. s. w.

Aus den früheren für den stündlichen Dampfverbrauch gefundenen Werten und aus den vorstehenden Tabellen erhalten wir den jährlichen

Dampfaufwand der einzelnen Maschinengröfsen, den wir jedoch, um nicht zu grofse Ziffern zu erhalten, in Tonnen à 1000 kg ausdrücken wollen.

Tabelle 13.

Jährlicher Dampfverbrauch in Tonnen à 1000 kg für eincylindrige Auspuffmaschinen bei 300 Arbeitstagen:

Tägliche Betriebszeit in Stunden	Gröfse in Pferdestärken und Dampfverbrauch pro Stunde und Pferdekraft							
	10/24	20/22	30/20	40/18,5	50/17,5	60/17	80/16,5	100/16
1	192	352	480	592	700	816	1056	1280
2	262	480	654	807	954	1112	1439	1744
3	331	607	828	1021	1207	1408	1822	2208
4	401	735	1002	1236	1461	1703	2204	2672
5	470	862	1176	1450	1715	1999	2587	3136
6	540	990	1350	1665	1968	2295	2970	3600
7	610	1118	1524	1879	2222	2591	3353	4064
8	679	1245	1698	2094	2476	2887	3736	4528
9	749	1373	1872	2309	2730	3182	4118	4992
10	818	1501	2046	2523	2984	3478	4501	5456
11	888	1628	2220	2738	3237	3774	4884	5920
12	957	1756	2394	2953	3491	4070	5267	6384
15	1164	2134	2910	3589	4244	4947	6402	7760
18	1368	2508	3420	4218	4987	5814	7524	9120
21	1570	2878	3924	4840	5722	6671	8633	10464
24	1752	3212	4380	5402	6387	7446	9636	11680

Jährl. Dampfverbrauch in Tonnen à 1000 kg bei 300 Arbeitstagen.

Tägliche Betriebszeit in Stunden	Eincylindrige Kondensationsmaschinen					Komp.-Kond.-Maschinen		
	Gröfse in Pferdestärken und Dampfverbrauch pro Stunde u. Pfdkr. in Kilogr.							
	30/15	40/14	60/13,5	80/13	100/12,5	60/10,3	80/10	100/9,6
1	360	448	648	832	1000	494	640	768
2	490	610	883	1134	1362	674	872	1046
3	621	773	1118	1435	1725	853	1104	1325
4	751	935	1353	1737	2087	1032	1336	1603
5	882	1098	1588	2038	2450	1211	1568	1882
6	1012	1260	1822	2340	2812	1390	1800	2160
7	1143	1422	2057	2642	3175	1570	2032	2438
8	1273	1585	2292	2943	3537	1749	2264	2717
9	1404	1747	2527	3245	3900	1928	2496	2989
10	1534	1910	2762	3546	4262	2107	2728	3274
11	1665	2072	2997	3848	4625	2287	2960	3552
12	1795	2234	3232	4150	4987	2466	3192	3830
15	2182	2716	3928	5044	6062	2997	3880	4656
18	2565	3192	4617	5928	7125	3523	4560	5472
21	2943	3662	5297	6802	8175	4042	5232	6278
24	3285	4088	5913	7592	9125	4511	5840	7008

Tabelle 14.

Jährlicher Dampfverbrauch in Tonnen à 1000 kg bei 360 Arbeitstagen:

Tägliche Betriebszeit in Stunden	Eincylindrige Auspuffmaschinen Gröfse der Maschine und Dampfverbrauch pro Stunde und effekt. Pfdkr.							
	10/24	20/22	30/20	40/18,5	50/17,5	60/17	80/16,5	100/16
1	218	400	546	673	796	928	1201	1456
2	302	554	756	932	1112	1285	1663	2016
3	386	708	966	1191	1409	1642	2125	2576
4	470	862	1176	1450	1715	1999	2587	3136
5	554	1016	1386	1709	2021	2356	3049	3696
6	638	1170	1596	1968	2327	2713	3511	4256
7	722	1324	1806	2227	2634	3070	3973	4816
8	806	1478	2016	2486	2940	3427	4435	5376
9	890	1632	2226	2745	3246	3784	4897	5936
10	974	1786	2436	3004	3552	4141	5359	6496
11	1058	1940	2646	3263	3859	4498	5821	7056
12	1142	2094	2856	3522	4165	4855	6283	7616
15	1387	2543	3468	4277	5067	5896	7630	9248
18	1627	2983	4068	5017	5932	6916	8950	10848
21	1862	3414	4656	5742	6790	7915	10253	12416
24	2076	3806	5190	6401	7569	8823	11418	13840

Tägliche Betriebszeit in Stunden	Eincylindrige Kondensationsmaschinen					Komp.-Kond.-Maschinen		
	30/15	40/14	60/13,5	80/13	100/12,5	60/10,3	80/10	100/9,6
1	409	510	737	946	1137	562	728	874
2	567	706	1021	1310	1575	779	1008	1210
3	724	902	1304	1674	2012	995	1288	1546
4	882	1098	1588	2038	2450	1211	1568	1882
5	1039	1294	1871	2402	2887	1428	1848	2218
6	1197	1490	2155	2766	3325	1640	2128	2554
7	1354	1686	2438	3130	3762	1860	2408	2890
8	1512	1882	2722	3494	4200	2076	2688	3226
9	1669	2078	3045	3858	4637	2293	2968	3562
10	1827	2274	3289	4222	5075	2509	3248	3898
11	1984	2470	3572	4586	5512	2725	3528	4234
12	2142	2666	3856	4950	5950	2942	3808	4570
15	2601	3237	4682	6011	7225	3572	4624	5549
18	3051	3797	5492	7051	8475	4190	5424	6509
21	3492	4346	6286	8070	9700	4796	6208	7450
24	3892	4844	7006	8996	10812	5346	6920	8304

Hiernach lassen sich die Kosten des Dampfverbrauchs für jede Betriebszeit und für jeden Dampfpreis ohne Schwierigkeit bestimmen.

Dieselben betragen nämlich, für jede volle Mark pro 1000 kg Dampf, genau so viel in Mark, wie die vorstehenden Tabellen angeben, und für je 10 Pfg. genau den zehnten Teil davon.

Letzteres werden wir später noch berücksichtigen, stellen aber, der schnelleren Übersicht wegen, in folgenden sechs Tabellen die Jahreskosten für Mk. 2.—, Mk. 2.50 und Mk. 3.— pro 1000 kg, und zwar bei 300 Arbeitstagen, zusammen.

Eincylindrige Auspuffmaschinen.

Jährliche Dampfkosten in Mark für 300 Arbeitstage bei einem Preis von Mk. 2.— pro 1000 kg:

Tabelle 15.

Tägliche Betriebszeit in Stunden	Gröfse der Maschinen in Pferdekräften							
	10	20	30	40	50	60	80	100
1	384	704	960	1184	1400	1632	2112	2560
2	524	960	1308	1614	1908	2224	2878	3488
3	662	1214	1656	2042	2414	2816	3644	4416
4	802	1470	2004	2472	2922	3406	4408	5344
5	940	1724	2352	2900	3430	3998	5174	6272
6	1080	1980	2700	3330	3936	4590	5940	7200
7	1220	2236	3048	3758	4444	5182	6706	8128
8	1358	2490	3396	4188	4952	5774	7472	9056
9	1498	2746	3744	4618	5460	6364	8236	9984
10	1636	3002	4092	5046	5968	6956	9002	10912
11	1776	3256	4440	5476	6474	7548	9768	11840
12	1914	3512	4788	5906	6982	8140	10534	12768
15	2328	4268	5820	7178	8488	9894	12804	15520
18	2736	5016	6840	8436	9974	11628	15048	18240
21	3140	5756	7648	9680	11444	13342	17266	20928
24	3504	6424	8760	10804	12774	14892	19272	23360

Tabelle 16.

Jährliche Dampfkosten in Mark für 300 Arbeitstage bei einem Preis von Mk. 2,50 pro 1000 kg:

Tägliche Betriebszeit in Stunden	Gröfse der Maschinen in Pferdekräften							
	10	20	30	40	50	60	80	100
1	480	880	1200	1480	1750	2040	2640	3200
2	655	1200	1635	2017	2385	2780	3597	4360
3	827	1517	2070	2552	3017	3520	4555	5520
4	1002	1837	2505	3090	3652	4257	5510	6680
5	1175	2155	2940	3625	4287	4997	6467	7840
6	1350	2475	3375	4162	4920	5737	7425	9000
7	1525	2795	3810	4697	5555	6477	8382	10160
8	1697	3112	4245	5235	6190	7217	9340	11320
9	1872	3432	4680	5772	6825	7955	10295	12480
10	2045	3752	5115	6307	7460	8695	11252	13640
11	2220	4070	5550	6845	8092	9435	12210	14800
12	2392	4390	5985	7382	8727	10175	13167	15960
15	2910	5335	7275	8972	10610	12367	16005	19400
18	3420	6270	8550	10545	12467	14535	18810	22800
21	3925	7195	9810	12100	14305	16677	21582	26160
24	4380	8030	10950	13505	15967	18615	24090	29200

Tabelle 17.

300 Arbeitstage, Preis Mk. 3,— pro 1000 kg Dampf:

Tägliche Betriebszeit in Stunden	Gröfse der Maschinen in Pferdekräften							
	10	20	30	40	50	60	80	100
1	576	1056	1440	1776	2100	2448	3168	3840
2	786	1440	1962	2421	2862	3336	4317	5232
3	992	1821	2484	3063	3621	4224	5466	6624
4	1202	2205	3006	3708	4383	5109	6612	8016
5	1410	2586	3528	4350	5145	5997	7761	9408
6	1620	2970	4050	4995	5904	6885	8910	10800
7	1830	3354	4572	5637	6666	7773	10059	12192
8	2037	3735	5094	6282	7428	8661	11208	13584
9	2247	4119	5616	6927	8190	9546	12354	14976
10	2454	4503	6138	7569	8952	10434	13503	16368
11	2664	4884	6660	8214	9711	11322	14652	17760
12	2871	5268	7182	8859	10473	12210	15801	19152
15	3492	6402	8730	10767	12732	14841	19206	23280
18	4104	7524	10260	12654	14961	17442	22572	27360
21	4710	8634	11772	14520	17166	20013	25899	31392
24	5256	9636	13140	16206	19161	22338	28908	35040

Tabelle 18.

Jährliche Dampfkosten in Mark für 300 Arbeitstage bei einem Preis von Mk. 2,— pro 1000 kg Dampf:

Tägliche Betriebszeit in Stunden	Gröfse der Maschinen in Pferdekräften							
	Eincylindrige Kondensationsmaschinen					Komp.-Kondens.-Maschinen		
	30	40	60	80	100	60	80	100
1	720	896	1296	1664	2000	988	1280	1536
2	980	1220	1766	2268	2724	1348	1744	2092
3	1242	1546	2236	2870	3450	1706	2208	2650
4	1502	1870	2706	3474	4174	2064	2672	3206
5	1764	2196	3176	4076	4900	2422	3136	3764
6	2024	2520	3644	4680	5624	2780	3600	4320
7	2286	2844	4114	5284	6350	3140	4064	4876
8	2546	3170	4584	5886	7074	3498	4528	5434
9	2808	3494	5054	6490	7800	3856	4992	5978
10	3068	3820	5524	7092	8524	4214	5456	6548
11	3330	4144	5994	7696	9250	4574	5920	7104
12	3590	4468	6464	8300	9974	4932	6384	7660
15	4364	5432	7856	10088	12124	5994	7760	9312
18	5130	6384	9234	11856	14250	7046	9120	10944
21	5886	7324	10594	13604	16350	8084	10464	12556
24	6570	8176	11826	15184	18250	9022	11680	14016

Tabelle 19.

300 Arbeitstage. Preis Mk. 2,50 pro 1000 kg Dampf:

Tägliche Betriebszeit in Stunden	Gröfse der Maschinen in Pferdekräften							
	Eincylindrige Kondensationsmaschinen					Komp.-Kondens.-Maschinen		
	30	40	60	80	100	60	80	100
1	900	1120	1620	2080	2500	1235	1600	1920
2	1225	1525	2207	2835	3405	1685	2180	2615
3	1552	1932	2795	3587	4312	2132	2760	3312
4	1877	2337	3382	4342	5217	2580	3340	4007
5	2205	2745	3970	5095	6125	3027	3920	4705
6	2530	3150	4555	5850	7030	3475	4500	5400
7	2857	3555	5142	6605	7937	3925	5080	6095
8	3182	3962	5730	7357	8842	4372	5660	6792
9	3510	4367	6317	8112	9750	4820	6240	7472
10	3835	4775	6905	8865	10655	5267	6820	8185
11	4162	5180	7492	9620	11562	5717	7400	8880
12	4487	5585	8080	10375	12467	6165	7980	9575
15	5455	6790	9820	12610	15155	7492	9700	11640
18	6412	7980	11542	14820	17812	8807	11400	13680
21	7357	9155	13242	17005	20437	10105	13080	15695
24	8212	10220	14782	18980	22812	11277	14600	17520

Jährliche Dampfkosten in Mark für 300 Arbeitstage bei einem Preis von Mk. 3,— pro 1000 kg Dampf:

Tabelle 20.

Tägliche Betriebszeit in Stunden	Gröfse der Maschinen in Pferdekräften							
	Eincylindrige Kondensationsmaschinen					Komp.-Kondens.-Maschinen		
	30	40	60	80	100	60	80	100
1	1080	1344	1944	2496	3000	1482	1920	2304
2	1470	1830	2649	3402	4086	2022	2616	3138
3	1863	2319	3354	4305	5175	2559	3312	3975
4	2253	2805	4059	5211	6261	3096	4008	4809
5	2646	3294	4764	6114	7350	3633	4704	5646
6	3036	3780	5466	7020	8436	4170	5400	6480
7	3429	4266	6171	7926	9525	4710	6096	7314
8	3819	4755	6876	8829	10611	5247	6792	8151
9	4212	5241	7581	9735	11700	5784	7488	8967
10	4602	5730	8286	10638	12786	6321	8184	9822
11	4995	6216	8991	11544	13875	6861	8880	10656
12	5385	6702	9696	12450	14961	7398	9576	11490
15	6546	8148	11784	15132	18186	8991	11640	13968
18	7695	9576	13851	17784	21375	10569	13680	16416
21	8829	10986	15891	20406	24525	12126	15696	18834
24	9855	12264	17739	22776	27375	13533	17520	21024

In gleicher Weise lassen sich die Werte für 360 Arbeitstage berechnen, was bei den später folgenden Tabellen auch geschehen ist.

2. Schmiermittel und Putzmaterial, Unterhaltungs- und Reparaturkosten.

Hierfür steigen die Ausgaben mit zunehmender Maschinengröfse und mit der Dauer der täglichen Betriebszeit, jedoch nicht proportional, sondern sie sind bei kleinen Maschinen verhältnismäfsig viel bedeutender, als bei grofsen.

Ein wesentlicher Anteil entfällt hierbei auf das Schmiermaterial, welches bei Maschinen von 10 Pfdkr. auf etwa 0,5 Pfg., bei solchen von 100 Pfdkr. auf ca. 0,25 Pfg. pro Stunde und Pferdekraft zu stehen kommt, und zwar bei Dampfmaschinen ein geringes weniger, bei Gasmotoren etwas mehr.

Dagegen stellen sich die Instandhaltungsarbeiten bei Dampfmaschinen wieder etwas höher, als bei Gasmotoren, indem auch alle Reparaturen etc. an Kessel und Rohrleitungen, wie Ersatz der Roststäbe, Ausklopfen des

Kessels, Dichten von Rohrleitungen und Ventilen, dem Dampfbetrieb zu belasten sind. Der Gesamtaufwand hierfür soll aber unter normalen Verhältnissen niedriger sein, als der für Schmiermittel etc.

Jedenfalls kann man für beides zusammen bei Dampf- und Gasanlagen gleicher Gröfse auch gleiche Beträge einsetzen und dürften die folgenden Sätze für 300 Arbeitstage von je 10 Stunden zu Grunde zu legen sein:

Gröfse der Maschinen in Pferdekräften . .	10	20	30	40	50	60	80	100
Jährlicher Pauschbetrag in Mark	228	352	472	588	700	808	1012	1200

Bei kleinen Elektromotoren läfst sich nicht in derselben Weise verfahren, da sie thatsächlich fast gar keiner anderen Unterhaltung bedürfen, als des zeitweiligen Ersatzes der Bürsten, und beträgt auch der Verbrauch an Schmiermaterial ca. nur $1/3 - 1/2$ desjenigen der kleinen Gasmotoren.

Die Reparaturkosten der letzteren sind verhältnismäfsig höher, als bei den vorhin betrachteten gröfseren, und können wir daher als Pauschsumme für 300 Arbeitstage und 10stündigen Betrieb einsetzen:

bei Elektromotoren von:	1	2	3	4	5	Pfdkr.
jährlich:	21	40	57	72	85	Mark
und bei Gasmotoren von:	1	2	3	4	5	Pfdkr.
jährlich:	72	104	134	162	187	Mark.

Diese Zahlen sind entstanden durch Addition der Ausgaben für Schmiermaterial und einen geschätzten Betrag für Instandhaltung und Reparaturen. Der Verbrauch an Schmiermitteln ist dabei angenommen zu $1 - 0,8$ Pfg. pro Stundenpferdekraft bei Gasmotoren und zu 0,5 Pfg. bei Elektromotoren.

Beträgt die tägliche Betriebszeit aber mehr oder weniger, als 10 Stunden, so ändern sich die obigen Beträge nicht proportional, sondern werden Kessel und Maschinen bei kurzen Betriebzeiten und langen Pausen infolge der gröfseren Temperaturänderungen pro Einheit der Betriebszeit mehr beansprucht und verbrauchen mehr Öl, als solche mit kürzeren oder gar keinen Unterbrechungen.

Diesem Umstande ist dadurch Rechnung zu tragen, dafs man die Kosten in folgendes Verhältnis zu einander setzt:

Tägliche Betriebszeit in Stunden	1	2	3	4	5	6	7	8	9	10
Kostenverhältnis	0,2	0,3	0,4	0,5	0,6	0,7	0,8	0,9	1	1,1

u. s. f.

Es entstehen danach folgende Tabellen:

Tabelle 21.

Jährl. Ausgaben für Unterhaltung und Schmiermittel in 300 Arbeitstagen:

Tägliche Betriebszeit in Stunden	für Elektromotoren					Pferdekräfte für kl. Gasmotoren				
	1	2	3	4	5	1	2	3	4	5
1	4	7	10	13	15	13	19	25	30	34
2	6	11	15	20	23	20	28	37	44	51
3	8	14	21	26	31	26	38	50	59	68
4	10	18	26	33	39	33	47	62	74	85
5	11	22	31	39	46	39	57	74	88	102
6	13	25	36	46	56	46	66	87	103	119
7	15	29	41	52	62	52	76	99	118	136
8	17	33	47	59	69	59	85	112	132	153
9	19	36	52	65	77	65	95	124	147	170
10	21	40	57	72	85	72	104	136	162	187
11	23	43	62	79	93	79	114	149	177	204
12	25	47	67	85	100	85	123	161	191	221
15	30	58	82	104	124	104	152	198	236	272
18	36	69	98	124	147	124	170	236	279	323
21	42	80	104	144	170	144	208	272	324	374
24	48	91	129	164	193	164	237	310	367	425

Tabelle 22.

Jährliche Kosten an Schmiermitteln und Unterhaltung für Dampf-maschinen und Gasmotoren bei 300 Arbeitstagen:

Tägliche Betriebszeit in Stunden	Gröfse der Maschinen Pferdekräfte							
	10	20	30	40	50	60	80	100
1	41	64	86	107	127	147	184	218
2	62	96	128	160	191	220	276	327
3	83	128	171	214	254	294	368	436
4	103	160	214	267	318	367	460	545
5	124	192	257	321	382	441	552	654
6	145	224	300	374	445	514	644	764
7	166	256	343	428	509	588	736	873
8	186	288	386	481	572	661	828	982
9	207	320	429	535	636	735	920	1091
10	228	352	472	588	700	808	1012	1200
11	248	384	515	642	763	882	1104	1309
12	269	416	558	695	827	955	1196	1418
15	331	512	686	856	1018	1176	1472	1746
18	393	608	815	1016	1208	1396	1748	2073
21	455	704	944	1177	1399	1617	2024	2400
24	517	800	1073	1337	1590	1837	2300	2727

Für 360 Arbeitstage ist der Aufwand um 20 % höher.

3. Bedienungskosten.

a) Elektrischer Betrieb.

Dieser erfordert für solche kleine Kräfte, wie hier in Frage kommen, gar keine Bedienung, so daſs also auch keine Ausgaben dafür entstehen.

b) Leuchtgasbetrieb.

Bei diesem geht man am besten von der 10 stündigen gewöhnlichen Arbeitszeit aus, wie vorhin, und setzt danach die Kosten für andere Betriebszeiten fest.

Gasmotoren an sich erfordern wenig Wartung, die bei kleinen Motoren fast gleich Null ist, mit wachsender Gröſse aber zunimmt und bei 80 und 100 pferdigen Motoren einen Mann ganz in Anspruch nimmt — der trotzdem gewissermaſsen nur als Sicherheitswache zu betrachten ist — um etwa sich zeigende Unregelmäſsigkeiten schon im Keime zu beseitigen.

Unter allen Umständen darf vorausgesetzt werden, daſs der Wärter eines Gasmotors nebenbei auch andere Arbeiten hat, so daſs nur ein gewisser Teil seines Jahresgehalts auf die Wartung des Motors entfällt.

In dieser Erwägung läſst sich für 300 Arbeitstage und 10 stündigen Betrieb rechnen als jährliche Ausgabe:

für	10	20	30	40	50	60	80	100	Pfdkr.
ca.	200	350	500	650	800	950	1100	1250	Mark

und für kleine Motoren von

	1	2	3	4	5	Pfdkr.
ca.	40	60	80	100	120	Mark.

Um nun zu bestimmen, wieviel von diesen Summen auf andere als 10 stündige tägliche Arbeitszeit zu rechnen ist, ist zu bedenken, daſs derjenige, der täglich nur wenige Stunden feste Anstellung hat, hierfür eine verhältnismäſsig gröſsere Entlohnung fordern kann und muſs, als derjenige, der den ganzen Tag in Arbeit steht. Anderseits beansprucht derjenige, der Überstunden macht, für diese auch höheren Lohn.

Man kann somit rechnen für einen täglichen Betrieb von

	1	2	3	4	5	6	7	8	Stdn.
ca.	2,5	3,5	4,5	5	6	7	7,5	8,5	tägliche Lohnstdn.

	9	10	11	12	15	18	21	24	Stdn.
ca.	9,5	10	11	12	15,5	19	22,5	26	tägliche Lohnstdn.

und ergeben sich danach umstehende Tabellen:

Tabelle 23.

I. Bedienung kleiner Gasmotoren bei 300 Arbeitstagen:

Tägliche Betriebszeit in Stunden	Größe der Motoren: Pferdekräfte				
	1	2	3	4	5
1	10	15	20	25	30
2	14	21	28	35	42
3	18	27	36	45	54
4	20	30	40	50	60
5	24	36	48	60	72
6	28	42	56	70	84
7	30	45	60	75	90
8	34	51	68	85	102
9	38	57	76	95	114
10	40	60	80	100	120
11	44	66	88	110	132
12	48	72	96	120	144
15	62	93	124	155	186
18	76	114	152	190	228
21	90	135	180	225	270
24	104	156	208	260	312

Tabelle 24.

II. Bedienung größerer Gasmotoren bei 300 Arbeitstagen:

Tägliche Betriebszeit in Stunden	Größe der Motoren: Pferdekräfte							
	10	20	30	40	50	60	80	100
1	50	87	125	162	200	237	275	312
2	70	122	175	227	280	332	385	437
3	90	157	225	292	360	427	495	562
4	100	175	250	325	400	475	550	625
5	120	210	300	390	480	570	660	750
6	140	245	350	455	560	665	770	875
7	150	262	375	487	600	712	825	937
8	170	297	425	552	680	807	935	1062
9	190	332	475	617	760	902	1045	1187
10	200	350	500	650	800	950	1100	1250
11	220	385	550	715	880	1045	1210	1375
12	240	420	600	780	960	1140	1320	1500
15	310	542	775	1007	1240	1472	1705	1937
18	380	665	950	1235	1520	1805	2090	2375
21	450	787	1125	1462	1800	2137	2475	2812
24	520	910	1300	1690	2080	2470	2860	3250

Für 360 Arbeitstage erhöhen sich diese Beträge um ca. 20 %.

c) Dampfbetrieb.

Derselbe benötigt unter allen Umständen einen Heizer für den Kessel, welcher stets zu dessen Bedienung zur Stelle sein muſs, also nur noch zu Arbeiten verwandt werden kann, die nicht viel Zeit in Anspruch nehmen und in unmittelbarer Nähe des Kessels verrichtet werden können. Dazu gehören bei kleinen Anlagen die Wartung der Maschinen selbst, das Herankarren der Kohlen, Abfahren von Asche etc.

Je gröſser die Betriebe aber werden, desto mehr und auch desto bessere Kräfte bedürfen sie zu ihrer Bedienung. So ist für eine 100pferdige Anlage schon ein guter Maschinist und ein desgleichen Heizer mit zusammen Mk. 7.50—8 Tagelohn = ca. Mk. 2300 pro anno vorzusehen und regeln sich danach die Gehaltsstufen bei 300 Arbeitstagen und 10 stündiger Arbeitszeit, wie folgt:

10	20	30	40	50	60	80	100	Pfdkr.
900	1100	1300	1500	1700	1900	2100	2300	Mk. pro anno.

Für andere Arbeitszeiten entstehen, unter Berücksichtigung des darüber bei Gasmotoren Gesagten, folgende Kosten:

Tabelle 25.
Bedienungskosten von Dampfmaschinen bei 300 Arbeitstagen im Jahr.

Betriebs-zeit pro Tag	Pferdekräfte							
	10	20	30	40	50	60	80	100
1	225	275	325	375	425	475	525	575
2	315	385	455	525	595	665	735	805
3	405	495	585	675	765	855	945	1035
4	450	550	650	750	850	950	1050	1150
5	540	660	780	900	1020	1140	1260	1380
6	630	770	910	1050	1190	1330	1470	1610
7	675	825	975	1125	1275	1425	1575	1725
8	765	935	1105	1275	1445	1615	1785	1955
9	855	1045	1235	1425	1616	1805	1995	2185
10	900	1100	1300	1500	1700	1900	2100	2300
11	990	1210	1430	1650	1870	2090	2310	2530
12	1080	1320	1560	1800	2040	2280	2520	2760
15	1395	1705	2015	2325	2635	2945	3255	3565
18	1710	2090	2470	2850	3230	3610	3990	4370
21	2025	2475	2925	3375	3825	4275	4725	5175
24	2340	2860	3380	3900	4420	4940	5460	5980

Für 360 Arbeitstage erhöhen sich die Beträge um ca. 20 %.

Direkte Betriebskosten.

Nunmehr lassen sich die direkten Betriebskosten der verschiedenen Maschinen zusammenstellen durch die Ausgaben für Kraft, Unterhalt und Schmiere, sowie Bedienung, was in folgenden Tabellen geschehen ist:

Tabelle 26.

Direkte Kosten von Elektromotoren bei einem Preis von 20 Pfg. pro Kilowatt für 300 Arbeitstage in Reichsmark:

Tägliche Betriebszeit	Pferdekräfte				
	1	2	3	4	5
1	79	146	213	270	320
2	141	264	386	499	598
3	203	381	560	727	876
4	265	499	733	956	1154
5	326	617	906	1184	1431
6	388	734	1079	1413	1709
7	450	852	1252	1641	1987
8	512	970	1426	1870	2264
9	574	1087	1601	2098	2542
10	636	1205	1772	2327	2820
11	698	1322	1945	2556	3098
12	760	1440	2118	2784	3375
15	945	1793	2637	3469	4209
18	1131	2146	3157	4155	5042
21	1317	2499	3674	4841	5875
24	1503	2872	4196	5527	6708

Tabelle 27.

Direkte Betriebskosten kleiner Gasmotoren in 300 Arbeitstagen bei einem Gaspreis von 8, 10, 12 Pfg. pro cbm:

Tägl. Betriebszeit	Pferdekräfte														
	1			2			3			4			5		
	8	10	12	8	10	12	8	10	12	8	10	12	8	10	12
1	47	53	59	79	91	102	110	126	142	134	154	174	158	181	204
2	82	94	106	140	163	186	195	227	259	237	277	317	280	327	374
3	116	134	152	201	236	270	281	329	377	341	401	461	403	473	543
4	146	173	197	259	305	351	362	426	490	440	520	600	519	613	707
5	183	213	243	321	378	435	447	527	607	543	643	743	642	759	876
6	218	254	290	382	450	518	533	629	725	647	767	887	765	905	1045
7	250	292	334	440	520	600	614	726	838	746	886	1026	881	1045	1209
8	285	333	381	505	592	683	700	828	956	849	1009	1169	1004	1191	1378
9	329	373	427	562	665	768	785	929	1073	955	1133	1311	1126	1337	1548
10	352	412	472	620	734	848	866	1026	1188	1054	1252	1450	1243	1477	1711
11	387	453	519	682	807	930	950	1123	1306	1158	1376	1594	1366	1628	1880
12	421	493	565	742	879	1016	1045	1239	1433	1261	1499	1727	1488	1769	2050
15	526	616	706	929	1100	1271	1294	1537	1780	1579	1876	2173	1862	2213	2564
18	652	750	848	1104	1310	1516	1554	1846	2138	1894	2251	2607	2235	2657	3079
21	738	864	990	1300	1540	1779	1813	2153	2493	2212	2628	3044	2609	3101	3592
24	844	988	1132	1487	1761	2035	2074	2462	2850	2527	3003	3478	2983	3545	4107

Direkte Betriebskosten gröfserer Gasmotoren und eincylindriger Auspuff-Dampfmaschinen in 300 Arbeitstagen:

Tabelle 28.

	10 Pferdekräfte					
	Gas			Dampf		
	8 ₰	10 ₰	12 ₰	2,— ℳ	2,50 ℳ	3,— ℳ
1	247	286	325	650	746	842
2	444	522	600	901	1032	1163
3	649	758	875	1150	1315	1480
4	827	983	1139	1355	1555	1755
5	1024	1219	1414	1604	1839	2074
6	1221	1455	1689	1855	2125	2395
7	1408	1681	1954	2061	2366	2671
8	1604	1916	2228	2309	2648	2988
9	1801	2152	2503	2560	2934	3309
10	1988	2378	2768	2764	3173	3582
11	2184	2613	3042	3014	3458	3902
12	2381	2849	3317	3263	3741	4220
15	2971	3561	4151	4054	4636	5218
18	3581	4283	4985	4839	5523	6207
21	4181	5000	5819	5620	6405	7190
24	4781	5717	6653	6361	7237	8113

Tabelle 29.

	20 Pferdekräfte					
	Gas			Dampf		
	8 ₰	10 ₰	12 ₰	2,— ℳ	2,50 ℳ	3,— ℳ
1	451	526	601	1043	1219	1395
2	818	968	1118	1441	1681	1921
3	1185	1410	1635	1777˙	2080	2384
4	1535	1835	2135	2180	2547	2915
5	1902	2277	2652	2576	3007	3438
6	2269	2719	3169	2974	3469	3964
7	2618	3143	3668	3317	3876	4435
8	2985	3585	4185	3713	4335	4958
9	3352	4027	4702	4111	4797	5484
10	3702	4452	5202	4454	5204	5955
11	4069	4894	5719	4850	5664	6478
12	4436	5336	6236	5248	6126	7004
15	5554	6679	7804	6485	7552	8619
18	6673	8023	9373	7634	8888	10142
21	7791	9366	10941	8935	10374	11813
24	8910	10710	12510	10084	11690	13296

Direkte Betriebskosten gröfserer Gasmotoren und eincylindriger Auspuff-Dampfmaschinen in 300 Arbeitstagen:

Tabelle 30.

| | 30 Pferdekräfte | | | | | |
| | Gas | | | Dampf | | |
	8 ₰	10 ₰	12 ₰	2,— ℳ	2,50 ℳ	3,— ℳ
1	643	751	859	1371	1611	1851
2	1167	1383	1599	1891	2218	2545
3	1692	2016	2340	2412	2826	3240
4	2192	2624	3056	2868	3369	3870
5	2717	3257	3797	3389	3977	4565
6	3242	3890	4538	3910	4585	5260
7	3742	4498	5254	4366	5128	5890
8	4267	5131	5995	4887	5736	6585
9	4792	5764	6736	5408	6344	7280
10	5292	6372	7452	5864	6887	7910
11	5817	7005	8193	6385	7495	8605
12	6342	7638	8934	6906	8103	9300
15	7941	9561	11181	8521	9976	11431
18	9541	11485	13429	10125	11835	13545
21	11141	13409	15677	11717	13679	15641
24	12741	15333	17925	13213	15403	17594

Tabelle 31.

| | 40 Pferdekräfte | | | | | |
| | Gas | | | Dampf | | |
	8 ₰	10 ₰	12 ₰	2,— ℳ	2,50 ℳ	3,— ℳ
1	821	959	1097	1666	1962	2258
2	1491	1767	2043	2299	2702	3106
3	2162	2576	2990	2931	3441	3952
4	2800	3352	3904	3489	4107	4725
5	3471	4161	4851	4121	4846	5571
6	4141	4969	5797	4754	5586	6419
7	4779	5745	6711	5311	6250	7190
8	5449	6553	7657	5944	6991	8038
9	6120	7362	8604	6586	7740	8895
10	6758	8138	9518	7134	8395	9657
11	7429	8947	10465	7768	9137	10506
12	8099	9755	11411	8401	9877	11354
15	10143	12213	14283	10359	12153	13948
18	12187	14671	17155	12302	14411	16520
21	14231	17129	20027	14232	16652	19072
24	16275	19587	22899	16041	18742	21443

Direkte Betriebskosten gröfserer Gasmotoren und eincylindriger Auspuff-Dampfmaschinen in 300 Arbeitstagen:

Tabelle 32.

	50 Pferdekräfte					
	Gas			Dampf		
	8 ₰	10 ₰	12 ₰	2.— ℳ	2.50 ℳ	3.— ℳ
1	1017	1189	1362	1952	2302	2652
2	1851	2196	2541	2694	3171	3648
3	2684	3201	3719	3433	4036	4640
4	3478	4168	4858	4090	4820	5551
5	4312	5174	6037	4832	5689	6547
6	5145	6180	7215	5571	6555	7539
7	5939	7146	8354	6228	7339	8450
8	6772	8152	9532	6969	8207	9445
9	7606	9158	10711	7711	9076	10441
10	8400	10125	11850	8368	9860	11352
11	9233	11130	13028	9107	10725	12344
12	10067	12137	14207	9849	11594	13340
15	12608	15195	17783	12141	14263	16385
18	15148	18253	21358	14412	16905	19399
21	17689	21311	24934	16668	19529	22390
24	20230	24370	28510	18784	21977	25171

Tabelle 33.

	60 Pferdekräfte					
	Gas			Dampf		
	8 ₰	10 ₰	12 ₰	2.— ℳ	2.50 ℳ	3.— ℳ
1	1176	1374	1572	2254	2662	3070
2	2136	2532	2928	3109	3665	4221
3	3097	3691	4285	3965	4669	5373
4	4010	4802	5594	4723	5574	6426
5	4971	5961	6951	5579	6578	7578
6	5931	7119	8307	6434	7581	8729
7	6844	8230	9616	7195	8490	9786
8	7804	9388	10972	8050	9493	10937
9	8765	10547	12329	8904	10495	12086
10	9678	11658	13638	9664	11403	13142
11	10639	12817	14995	10520	12407	14294
12	11599	13975	16351	11375	13410	15445
15	14528	17498	20468	14015	16488	18962
18	17457	21021	24585	16634	19541	22448
21	20386	24544	28702	19234	22569	25905
24	23315	28067	32819	21669	25392	29115

Direkte Betriebskosten gröfserer Gasmotoren und eincylindriger Auspuff-Dampfmaschinen in 300 Arbeitstagen:

Tabelle 34.

| | 80 Pferdekräfte | | | | | |
| | Gas | | | Dampf | | |
	8 ₰	10 ₰	12 ₰	2.— ℳ	2.50 ℳ	3.— ℳ
1	1515	1779	2043	2821	3349	3877
2	2773	3301	3829	3889	4608	5328
3	4031	4823	5615	4957	5868	6779
4	5234	6290	7346	5918	7020	8122
5	6492	7812	9132	6986	8279	9573
6	7750	9334	10918	7054	9539	11024
7	8953	10801	12649	9017	10693	12370
8	10211	12323	14435	10085	11953	13821
9	11469	13845	16221	11151	13210	15269
10	12672	15312	17952	12114	14364	16615
11	13930	16834	19738	13182	15624	18066
12	15188	18356	21524	14250	16883	19517
15	19017	22977	26937	17531	20732	23933
18	22846	27598	32350	20786	24548	28310
21	26675	32219	37763	24015	28331	32648
24	30504	36840	43176	27032	31850	36668

Tabelle 35.

| | 100 Pferdekräfte | | | | | |
| | Gas | | | Dampf | | |
	8 ₰	10 ₰	12 ₰	2.— ℳ	2.50 ℳ	3.— ℳ
1	1778	2090	2402	3353	3993	4633
2	3260	3884	4508	4620	5492	6364
3	4742	5678	6614	5887	6991	8095
4	6162	7410	8658	7039	8375	9711
5	7644	9204	10764	8306	9874	11442
6	9127	10999	12871	9574	11374	13174
7	10546	12730	14914	10726	12758	14790
8	12028	14524	17020	11993	14257	16521
9	13510	16318	19126	13260	15756	18252
10	14930	18050	21170	14412	17140	19868
11	16412	19844	23276	15679	18639	21599
12	17892	21638	25382	16946	20138	23330
15	22403	27083	31763	20831	24711	28591
18	26912	32528	38144	24683	29243	33803
21	31420	37972	44524	28503	33735	38967
24	35929	43417	50905	32067	37907	43747

Direkte Betriebskosten gröfserer Gasmotoren und eincylindriger Auspuff-Dampfmaschinen in 300 Arbeitstagen:

Tabelle 36.

| | Dampfpreis pro 1000 kg | | | | | |
| | 30 pfdk. Kondens. | | | 40 pfd. eincyl. Kond.-Masch. | | |
	2.— $\mathcal{M}$	2.50 $\mathcal{M}$	3.— $\mathcal{M}$	2.— $\mathcal{M}$	2.50 $\mathcal{M}$	3.— $\mathcal{M}$
1	1131	1311	1491	1378	1602	1826
2	1563	1808	2053	1905	2210	2515
3	1998	2308	2619	2435	2821	3208
4	2366	2741	3117	2887	3354	3822
5	2801	3242	3683	3417	3966	4515
6	3234	3740	4246	3944	4576	5204
7	3604	4175	4747	4397	5108	5819
8	4037	4673	5310	4926	5718	6511
9	4472	5174	5876	5462	6235	7209
10	4840	5607	6374	5908	6863	7818
11	5275	6107	6940	6436	7472	8508
12	5708	6605	7503	6963	8080	9197
15	7065	8156	9247	8613	9971	11329
18	8415	9697	10980	10250	11846	13442
21	9755	11226	12698	11876	13707	15538
24	11023	12665	14308	13413	15457	17501

Tabelle 37.

| | 20 Pferdekräfte | | | | | |
| | Eincyl. Kond.-Masch. | | | Komp. Kond.-Masch. | | |
	2.— $\mathcal{M}$	2.50 $\mathcal{M}$	3.— $\mathcal{M}$	2.— $\mathcal{M}$	2.50 $\mathcal{M}$	3.— $\mathcal{M}$
1	1918	2242	2566	1610	1857	2104
2	2651	3092	3534	2233	2570	2907
3	3385	3944	4503	2855	3281	3708
4	4023	4699	5376	3381	3897	4413
5	4757	5551	6345	4003	4608	5214
6	5488	6399	7310	4624	5319	6014
7	6127	7155	8184	5153	5938	6723
8	6860	8006	9152	5774	6648	7523
9	7594	9992	10121	6396	7360	8324
10	8232	10668	10994	6922	7975	9029
11	8966	11440	11963	7546	8689	9833
12	9699	12211	12931	8167	9400	10633
15	11977	14603	15905	10115	11613	13112
18	14240	16980	18857	12052	13813	15575
21	16486	19340	21783	13976	15997	18018
24	18603	21571	24516	15799	18054	20310

Direkte Betriebskosten gröfserer Gasmotoren und eincylindriger Auspuff-Dampfmaschinen in 300 Arbeitstagen:

Tabelle 38.

| | 80 Pferdekräfte | | | | | |
| | Eincyl. Kond.-Masch. | | | Komp. Kond.-Masch. | | |
	2.— $\mathcal{M}$	2.50 $\mathcal{M}$	3.— $\mathcal{M}$	2.— $\mathcal{M}$	2.50 $\mathcal{M}$	3.— $\mathcal{M}$
1	2373	2789	3205	1989	2309	2629
2	3279	3846	4413	2755	3191	3627
3	4183	4900	5618	3521	4073	4625
4	4984	5852	6721	4182	4850	5518
5	5888	6907	7926	4948	5732	6516
6	6794	7964	9134	5714	6614	7514
7	7595	8916	10237	6375	7391	8407
8	8499	9970	11442	7141	8273	9406
9	9405	11027	12650	7907	9155	10403
10	10204	11977	13750	8568	9932	11296
11	11110	13034	14958	9334	10814	12294
12	12016	14091	16166	10100	11696	13292
15	14815	17337	19859	12487	14427	16367
18	17594	20558	23522	14858	17138	19418
21	20353	23754	27155	17213	19829	22445
24	22944	26740	30536	19440	22360	25280

Tabelle 39.

| | 100 Pferdekräfte | | | | | |
| | Eincyl. Kond.-Masch. | | | Komp. Kond.-Masch. | | |
	2.— $\mathcal{M}$	2.50 $\mathcal{M}$	3.— $\mathcal{M}$	2.— $\mathcal{M}$	2.50 $\mathcal{M}$	3.— $\mathcal{M}$
1	2793	3293	3793	2329	2713	3097
2	3856	4537	5218	3224	3747	4270
3	4921	5783	6646	4121	4783	5446
4	5869	6912	7956	4901	5702	6504
5	6934	8159	9384	5798	6739	7680
6	7998	9404	10810	6694	7774	8854
7	8948	10535	12123	7474	8693	9912
8	10011	11779	13548	8371	9729	11088
9	11076	13026	14976	9254	10748	12243
10	12024	14155	16286	10048	11685	13322
11	13089	15401	17714	10943	12719	14495
12	14152	16645	19139	11838	13753	15668
15	17435	20466	23497	14623	16951	19279
18	20693	24255	27818	17387	20123	22859
21	23925	28012	32100	20131	23270	26409
24	26957	31519	36082	22723	26227	29731

4. Indirekte Kosten, Verzinsung und Amortisation.

Diese setzen sich zusammen aus den Zinsen des, für die Anlage auf-
gewandten Kapitals und aus den Abschreibungen, die alljährlich auf den
Wert der Anlage zu machen sind, — infolge der Abnutzung, der die
einzelnen Teile unterliegen und auch infolge der Veraltung, welcher
Kessel- und Motorensysteme bei dem gegenwärtigen schnellen Gang
der Verbesserungen und Erfindungen verhältnismäfsig bald -ausgesetzt
sind.

Durch letzteres kann ein Fabrikant in die Lage kommen, eine Kraft-
anlage, die noch völlig zur Erzeugung der geforderten Kraft genügt, durch
eine andere, ökonomischer arbeitende, zu ersetzen, um mit seinem Fa-
brikat konkurrenzfähig zu bleiben.

Dies wird jedoch nur dort vorkommen, wo die Anlage den ganzen
Tag in Betrieb ist, während man sich dort, wo sie nur wenige Stunden
täglich benutzt wird, noch mit Einrichtungen begnügen kann, die nicht
mehr völlig den neuesten Anforderungen entsprechen.

Es lassen sich deshalb die Abschreibungen so bemessen, dafs Maschinen,
die fortwährend Tag und Nacht gehen, in circa 10 Jahren, solche
dagegen, die nur wenig Stunden täglich arbeiten, in ca. 20 Jahren amortisiert sind.

Für die Baulichkeiten, also Kessel- und Maschinenhaus mit Schornstein genügt eine Amortisierung in 40—50 Jahren.

Der Zinsfufs für das Anlagekapital kann zu 4 % angenommen werden
und sind zu gleichem Satz auch die Abschreibungen zu verzinsen.

Nun amortisiert sich eine Anlage

bei 4 %		19 Jahren
» 5 %	Abschreibung pro anno, einschliefs-	16 »
» 6 %	lich Zins und Zinseszinsen, in ca.	14 »
» 7 %		12 »
» 8 %		10 »

und stellen wir hiernach die folgenden Tabellen für 360 jährliche Arbeitstage auf, woraus sich unter Zugrundelegung der gleichen Verhältnisse
auch die Werte für 300 Arbeitstage ergeben.

Jährliche Abschreibung für Gasmotoren bei 360 Arbeitstagen.
Tabelle 40.

Tägliche Betriebszeit	º/₀	Pferdekräfte							
		10	20	30	40	50	60	80	100
1	3,8	190	266	342	418	494	570	722	874
2	4	200	280	360	440	520	600	760	920
3	4,2	210	294	378	462	546	630	798	966
4	4,4	220	308	396	484	572	660	836	1012
5	4,6	230	322	414	506	598	690	874	1058
6	4,8	240	336	432	528	624	720	912	1104
7	5	250	350	450	550	650	750	950	1150
8	5,2	260	364	468	572	676	780	988	1196
9	5,4	270	378	486	594	702	810	1026	1242
10	5,6	280	392	504	616	728	840	1064	1288
11	5,8	290	406	522	638	754	870	1102	1334
12	6	300	420	540	660	780	900	1140	1380
15	6,6	330	462	594	726	858	990	1254	1518
18	7,2	360	504	648	792	936	1080	1368	1656
21	7,8	390	546	702	858	1014	1170	1482	1794
24	8,4	420	588	756	924	1092	1260	1596	1932

Hierzu Verzinsung des Anlagekapitals mit 4 º/₀ =

	Mk. 200	280	360	440	520	600	760	920

Jährliche Abschreibung für Gasmotoren bei 300 Arbeitstagen.
Tabelle 41.

Tägliche Betriebszeit	Pferdekräfte							
	10	20	30	40	50	60	80	100
1	180	260	332	410	485	570	721	870
2	189	272	348	429	508	596	754	910
3	198	284	364	448	531	622	787	950
4	207	296	380	467	554	648	820	990
5	216	308	396	486	577	674	853	1030
6	225	320	412	505	600	700	886	1070
7	234	332	428	524	623	726	919	1110
8	243	344	444	543	646	752	952	1150
9	252	356	460	562	669	778	985	1190
10	261	368	476	581	692	804	1018	1230
11	270	380	492	600	715	830	1051	1270
12	279	392	508	619	738	856	1084	1310
15	306	428	556	676	807	934	1183	1430
18	333	464	604	733	876	1012	1282	1550
21	360	500	652	790	945	1090	1381	1670
24	387	536	700	847	1014	1168	1480	1790
Hierzu Mk. 200	280	360	440	520	600	760	920	

entsprechend 4 º/₀ Verzinsung des Anlagekapitals.

Jährliche Abschreibung für Dampfanlagen bei 360 Arbeitstagen.

Tabelle 42.

Tägliche Betriebszeit	%	Pferdekräfte							
		10	20	30	40	50	60	80	100
1	3,8	228	342	456	570	684	798	988	1178
2	4	240	360	480	600	720	840	1040	1240
3	4,2	252	378	504	630	756	882	1092	1302
4	4,4	264	396	528	660	792	924	1144	1364
5	4,6	276	414	552	690	828	966	1196	1426
6	4,8	288	432	576	720	866	1008	1248	1488
7	5	300	450	600	750	900	1050	1300	1550
8	5,2	312	468	624	780	936	1092	1352	1612
9	5,4	324	486	648	810	972	1134	1404	1674
10	5,6	336	504	672	840	1008	1176	1456	1736
11	5,8	348	522	696	870	1044	1218	1508	1798
12	6	360	540	720	900	1080	1260	1560	1860
15	6,6	396	594	792	990	1188	1386	1716	2046
18	7,2	432	648	864	1080	1296	1512	1872	2232
21	7,8	468	702	936	1170	1404	1648	2028	2418
24	8,4	504	756	1008	1260	1512	1764	2184	2604

Hierzu überall 2% Abschreibung vom Gebäudewert, und 4% Zinsen vom Anlagekapital =

Mk.	60	80	100	120	140	160	180	200
und »	360	520	680	840	1000	1160	1400	1640

Jährliche Abschreibung für Dampfmaschinen bei 300 Arbeitstagen:

Tabelle 43.

Tägliche Betriebszeit	Dampfmaschinen Pferdekräfte							
	10	20	30	40	50	60	80	100
1	220	332	444	552	664	774	967	1158
2	230	348	466	578	696	812	1013	1212
3	240	364	488	604	728	850	1059	1266
4	250	380	510	630	760	888	1105	1320
5	260	396	532	656	792	926	1151	1374
6	270	412	554	682	824	954	1197	1428
7	280	428	576	708	856	1002	1243	1482
8	290	444	598	734	888	1040	1289	1536
9	300	460	620	760	920	1078	1335	1590
10	310	476	642	786	952	1116	1381	1644

Tägliche Betriebszeit	Dampfmaschinen Pferdekräfte							
	10	20	30	40	50	60	80	100
11	320	492	664	812	984	1154	1427	1698
12	330	508	686	838	1016	1192	1473	1752
15	360	556	752	916	1112	1306	1611	1914
18	390	604	818	994	1208	1420	1749	2076
21	420	652	884	1072	1304	1534	1887	2238
24	450	700	950	1152	1400	1648	2025	2400

Hiervon für Gebäude 2 % =

$\mathcal{M}$ 60 | 80 | 100 | 120 | 140 | 160 | 180 | 200

an Zinsen von Anlagekapital 4 % =

$\mathcal{M}$ 360 | 520 | 680 | 840 | 1000 | 1160 | 1400 | 1640

Jährliche Abschreibung für Elektromotoren und kleine Gasmotoren bei 300 Arbeitstagen.

Tabelle 44.

Tägliche Betriebszeit in Stunden	Elektromotoren Pferdekräfte					Kl. Gasmotoren				
	1	2	3	4	5	1	2	3	4	5
1	18	26	33	41	48	52	66	82	97	110
2	19	27	35	43	51	54	70	86	102	116
3	20	28	36	45	53	56	73	90	106	121
4	21	30	38	47	55	59	76	93	111	126
5	22	31	40	49	58	62	79	97	115	131
6	23	32	41	50	60	64	82	101	120	136
7	23	33	43	52	62	66	86	105	125	142
8	24	34	44	54	65	69	89	109	129	147
9	25	36	46	56	67	71	92	112	134	152
10	26	37	48	58	69	74	95	116	138	157
11	27	38	49	60	71	76	98	120	143	162
12	28	39	51	62	74	78	102	124	148	168
15	31	43	56	68	81	86	111	135	161	183
18	33	46	60	73	88	93	121	147	175	199
21	36	50	65	79	94	100	130	158	189	214
24	39	54	70	85	101	107	140	169	203	230

Hierzu 4 % Zinsen von Anlagekapital =

$\mathcal{M}$ 20 | 28 | 36 | 44 | 52 || 56 | 72 | 88 | 104 | 120

Durch Addition der indirekten zu den schon fest gesetzten direkten Ausgaben erhalten wir endlich die gesamten Kosten, die in folgenden Tabellen zusammengestellt sind.

Gesamtkosten für 300 Arbeitstage.

I. Elektromotoren.

Tabelle 45.

Tägliche Betriebszeit	Pferdekräfte				
	1	2	3	4	5
1	117	200	282	355	420
2	180	319	457	586	701
3	243	437	632	816	981
4	306	557	807	1047	1261
5	368	676	982	1277	1541
6	431	794	1156	1507	1821
7	493	913	1331	1737	2101
8	556	1032	1506	1968	2381
9	619	1151	1683	2198	2661
10	682	1270	1856	2429	2941
11	745	1388	2030	2660	3221
12	808	1507	2205	2890	3501
15	996	1864	2729	3581	4342
18	1184	2224	3253	4272	5182
21	1373	2577	3775	4964	6021
24	1562	2954	4302	5656	6861

II. Kleine Gasmotoren bei 8, 10 und 12 Pfg. Gaspreis.

Tabelle 46.

	Pferdekräfte														
	1			2			3			4			5		
	8	10	12	8	10	12	8	10	12	8	10	12	8	10	12
1	155	161	167	217	229	240	280	296	312	335	355	375	388	411	434
2	192	204	216	282	305	328	369	401	433	443	483	523	516	563	610
3	228	246	264	346	381	415	459	507	555	551	611	671	644	714	784
4	261	288	312	407	453	499	543	607	671	655	735	815	765	859	953
5	301	331	361	472	529	586	632	712	792	762	862	962	893	1010	1127
6	338	374	410	536	604	672	722	818	914	871	991	1111	1021	1161	1301
7	372	414	456	598	678	758	807	919	1031	975	1115	1255	1143	1307	1471
8	410	458	506	666	753	844	897	1025	1153	1082	1242	1402	1271	1458	1645
9	456	500	554	726	829	932	985	1129	1273	1193	1371	1559	1398	1609	1810
10	482	542	602	787	901	1015	1070	1231	1392	1296	1494	1692	1520	1754	1988
11	519	585	651	852	977	1100	1158	1331	1514	1405	1623	1841	1648	1905	2162
12	555	627	699	916	1053	1190	1257	1451	1645	1513	1751	1989	1776	2057	2338
15	668	758	848	1112	1283	1454	1517	1760	2003	1844	2141	2438	2165	2516	2867
18	801	899	997	1297	1503	1709	1789	2081	2373	2174	2530	2886	2554	2976	3398
21	894	1020	1146	1502	1742	1981	2059	2399	2739	2505	2921	3337	2944	3435	3926
24	1007	1151	1295	1699	1973	2247	2331	2719	3107	2835	3310	3785	3333	3895	4457

Gesamtkosten für 300 Arbeitstage.

Tabelle 47.

	10 Pferdekräfte							
	Gasmotoren: 5000 Mk.				Eincyl. Auspuffmaschine: 9000 Mk.			
	8 ₰	10 ₰	12 ₰	Diff.*)	2.— ℳ	2.50 ℳ	3.— ℳ	Diff.*)
1	627	666	705	19,5	1290	1386	1482	19,2
2	833	911	989	39	1550	1682	1813	26,2
3	1039	1156	1273	58,5	1810	1975	2140	33,1
4	1234	1390	1546	78	2025	2225	2425	40,1
5	1440	1635	1830	97,5	2284	2519	2756	47,0
6	1646	1880	2114	117	2545	2815	3085	54,0
7	1842	2115	2388	136,5	2761	3066	3371	61,0
8	2047	2359	2671	156	3019	3358	3698	67,9
9	2253	2604	2955	175	3280	3654	4029	74,9
10	2449	2839	3229	195	3494	3903	4312	81,8
11	2654	3083	3512	214,5	3754	4198	4642	88,8
12	2860	3328	3796	234	4013	4491	4971	95,7
15	3477	4067	4657	292,5	4834	5416	5998	116,4
18	4114	4816	5518	351	5649	6333	7017	136,8
21	4741	5560	6379	409,5	6460	7445	8030	157,0
24	5368	6304	7240	474	7231	8107	8983	175,2

Tabelle 48.

	20 Pferdekräfte							
	Gasmotoren: 7000 Mk.				Eincyl. Auspuffmaschine: 13000 Mk.			
	8 ₰	10 ₰	12 ₰	Diff.	2.— ℳ	2.50 ℳ	3.— ℳ	Diff.
1	991	1066	1141	37,5	1975	2151	2327	35,2
2	1370	1520	1670	75	2389	2629	2869	48
3	1749	1974	2199	112,5	2741	3044	3348	60,7
4	2111	2411	2719	150	3160	3527	3895	73,5
5	2490	2865	3240	187,5	3572	4003	4434	86,2
6	2869	3319	3769	225	3986	4481	4976	99,0
7	3230	3755	4280	262,5	4345	4904	5463	111,8
8	3609	4209	4809	300	4757	5379	6002	124,5
9	3988	4663	5338	337,5	5171	5857	6544	137,3
10	4370	5120	5870	375	5530	6280	7031	150,1
11	4729	5554	6379	412,5	5942	6756	7570	162,8
12	5108	6008	6908	450	6356	7234	8112	175,6
15	6262	7387	8512	562,5	7641	8708	9775	213,4
18	7417	8767	10117	675	8838	10092	11346	250,8
21	8571	10146	11721	787,5	10187	11626	13065	287,8
24	9726	11526	13326	900	11384	12990	14596	321,2

*) Die in den Rubriken »Differenz« aufgeführten Beträge entsprechen einem Preis des Brennstoffes von 1 Pfennig bei Gasmotoren und 10 Pfennig bei Dampfmaschinen.

, Alle Tabellenwerte sind in Mark angegeben.

Gesamtkosten für 300 Arbeitstage.

Tabelle 49.

	30 Pferdekräfte							
	Gas: 9000 Mk.				Dampf: 17000 Mk.			
	8 ₰	10 ₰	12 ₰	Diff.	2.— ℳ	2.50 ℳ	3.— ℳ	Diff.
1	1335	1443	1551	54,—	2595	2835	3075	48,0
2	1875	2091	2307	108,—	3137	3464	3791	65,4
3	2416	2740	3064	162,—	3680	4094	4508	82,8
4	2932	3364	3796	216,—	4158	4659	5160	100,2
5	3473	4013	4553	270,—	4701	5289	5877	117,6
6	4014	4662	5310	324,—	5244	5919	6594	135,0
7	4530	5286	6042	378,—	5722	6484	7246	152,4
8	5071	5935	6799	432,—	6265	7114	7963	169,8
9	5612	6584	7556	486,—	6808	7744	8680	187,2
10	6128	7208	8288	540,—	7286	8309	9332	204,6
11	6669	7857	9045	594,—	7829	8939	10049	222,0
12	7210	8506	9802	648,—	8372	9569	10766	239,4
15	8857	10477	12097	810,—	10053	11508	12963	291,0
18	10505	12449	14393	972,—	11723	13433	15143	342,0
21	12153	14421	16689	1134,—	13381	15343	17305	392,4
24	13801	16393	18985	1296,—	14943	17133	19324	438,0

Tabelle 50.

	40 Pferdekräfte							
	Gas: 11000 Mk.				Dampf: 21000 Mk.			
	8 ₰	10 ₰	12 ₰	Diff.	2.— ℳ	2.50 ℳ	3.— ℳ	Diff.
1	1671	1809	1947	69,—	3178	3474	3770	59,2
2	2360	2636	2912	138,—	3837	4240	4644	80,7
3	3050	3464	3878	207,—	4495	5005	5516	102,1
4	3707	4259	4811	276,—	5079	5697	6315	123,6
5	4397	5087	5777	345,—	5737	6462	7187	145,0
6	5086	5914	6742	414,—	6396	7228	8061	166,5
7	5743	6709	7675	483,—	6979	7918	8858	187,9
8	6432	7536	5640	552,—	7638	8685	9732	209,4
9	7122	8364	9606	621,—	8306	9460	10615	230,9
10	7779	9159	10539	690,—	8880	10141	11403	252,3
11	8469	9987	11505	759,—	9540	10909	12278	273,8
12	9158	10814	12470	828,—	10199	11675	13152	295,3
15	11259	13329	15399	1035,—	12235	14029	15824	358,9
18	13360	15844	18328	1242,—	14256	16365	18474	421,8
21	15461	18359	21257	1449,—	16264	18684	21104	484,0
24	17562	20874	24186	1656,—	18153	20854	23555	540,2

Gesamtkosten für 300 Arbeitstage.

Tabelle 51.

| | 50 Pferdekräfte | | | | | | | |
| | Gas: 13 000 Mk. | | | | Dampf: 25 000 Mk. | | | |
	8 ₰	10 ₰	12 ₰	Diff.	2.— ℳ	2.50 ℳ	3.— ℳ	Diff.
1	2022	2194	2367	86¹/₄	3756	4106	4456	70,0
2	2879	3224	3569	172,5	4530	5007	5484	95,4
3	3735	4252	4770	258,—	5301	5904	6508	120,7
4	4552	5242	5932	345,—	5990	6720	7451	146,1
5	5409	6271	7134	431,—	6764	7621	8479	171,5
6	6265	7300	8335	517,—	7535	8519	9503	196,8
7	7082	8289	9497	603,—	8224	9335	10446	222,2
8	7938	9318	10698	690,—	8997	10235	11473	247,6
9	8795	10347	11900	776,—	9771	11136	12501	273,0
10	9612	11337	13062	862,5	10460	11952	13444	298,4
11	10468	12365	14263	948,7	11231	12849	14468	323,7
12	11325	13395	15465	1035,—	12005	13750	15496	349,1
15	13935	16522	19110	1293,7	14393	16515	18637	424,4
18	16544	19649	22754	1552,5	16760	19253	21747	498,7
21	19154	22776	26399	1811,2	19112	21973	24834	572,2
24	21764	25904	30044	2070,—	21324	24517	27711	638,7

Tabelle 52.

| | 60 Pferdekräfte | | | | | | | |
| | Gas: 15 000 Mk. | | | | Dampf: 29 000 Mk. | | | |
	8 ₰	10 ₰	12 ₰	Diff.	2.— ℳ	2.50 ℳ	3.— ℳ	Diff.
1	2346	2544	2742	99,—	4348	4756	5164	81,6
2	3332	3728	4124	198,—	5241	5797	6353	111,2
3	4319	4913	5507	297,—	6135	6839	7543	140,8
4	5258	6050	6842	396,—	6931	7782	8634	170,3
5	6245	7235	8225	495,—	7825	8824	9824	199,9
6	7231	8411	9607	594,—	8718	9865	11013	229,5
7	8170	9556	10942	693,—	9517	10812	12108	259,1
8	9156	10740	12324	792,—	10410	11853	13297	288,7
9	10143	11925	13707	891,—	11302	12893	14484	318,2
10	11082	13062	15042	990,—	12100	13839	15578	347,8
11	12069	14247	16425	1089,—	12994	14881	16768	377,4
12	13055	15431	17807	1188,—	13887	15922	17957	407,0
15	16062	19032	22002	1485,—	16641	19114	21588	494,7
18	19069	22633	26107	1782,—	19374	22281	25188	581,4
21	22076	26234	30392	2079,—	22088	25423	28759	667,1
24	25083	29835	34587	2376,—	24637	28360	32083	744,6

Gesamtkosten für 300 Arbeitstage.

Tabelle 53.

| | 80 Pferdekräfte | | | | | | | |
| | Gas: 19000 Mk. | | | | Dampf: 35000 Mk. | | | |
	8 ₰	10 ₰	12 ₰	Diff.	2.— ℳ	2.50 ℳ	3.— ℳ	Diff.
1	2996	3260	3524	132,—	5368	5896	6424	105,6
2	4287	4815	5343	264,—	6482	7201	7921	143,9
3	5578	6370	7162	396,—	7596	8507	9418	182,2
4	6884	7870	9926	528,—	8603	9705	10807	220,4
5	8105	9425	10745	660,—	9717	11010	12304	258,7
6	9396	10980	12564	792,—	10831	12316	13801	297
7	10632	12480	14328	924,—	11840	13516	15193	335,3
8	11923	14035	16147	1056,—	12954	14822	16690	373,6
9	13214	15590	17966	1188,—	14066	16125	18184	411,8
10	14450	17090	19730	1320,—	15075	17325	19576	450,1
11	15741	18645	21549	1452,—	16189	18631	21073	488,4
12	17032	20200	23368	1584,—	17303	19936	22570	526,7
15	20960	24920	28880	1980,—	20722	23923	27124	640,2
18	24888	29640	34392	2376,—	24115	27877	31639	752,4
21	28816	34360	39904	2772,—	27482	31798	36115	863,3
24	32744	39080	45416	3168,—	30637	35455	40273	963,6

Tabelle 54.

| | 100 Pferdekräfte | | | | | | | |
| | Gas: 23000 Mk. | | | | Dampf: 41000 Mk. | | | |
	8 ₰	10 ₰	12 ₰	Diff.	2 — ℳ	2.50 ℳ	3.— ℳ	Diff.
1	3568	3880	4192	156,—	6351	6991	7631	128,0
2	5090	5714	6338	312,—	7672	8544	9416	174,4
3	6612	7548	8484	468,—	8993	10097	11201	220,8
4	8072	9320	10568	624,—	10199	11535	12871	267,2
5	9594	11154	12714	780,—	11520	13088	14656	313,6
6	11117	12989	14861	936,—	12842	14642	16442	360,0
7	12576	14760	16944	1092,—	14048	16080	18112	406,4
8	14098	16594	19090	1248,—	15369	17633	19897	452,8
9	15620	18428	21236	1404,—	16690	19186	21682	499,2
10	17080	20200	23320	1560,—	17896	20624	23352	545,6
11	18602	22034	25466	1716,—	19217	22177	25137	592,0
12	20124	23868	27612	1872,—	20538	23730	26922	638,4
15	24753	29433	34113	2340,—	24585	28465	32345	776,0
18	29382	34998	40614	2808,—	28599	33159	37719	912,0
21	34010	40562	47114	3276,—	32581	37813	43045	1046,4
24	38639	46127	53615	3744,—	36307	42147	47987	1168,0

Gesamtkosten für 300 Arbeitstage.

Tabelle 55.

	für eine eincyl. Kond.-Masch. von 30 Pfdkr.: 17 000 Mk.				für eine eincyl. Kond.-Masch. von 40 Pfdkr.: 21 000 Mk.			
	2.— ℳ	2 50 ℳ	3.— ℳ	Diff.	2.— ℳ	2.50 ℳ	3.— ℳ	Diff.
1	2355	2535	2715	36,0	2890	3114	3338	44,8
2	2809	3054	3299	49,0	3443	3748	4053	61,0
3	3266	3576	3887	62,1	3999	4385	4772	77,3
4	3656	4031	4407	75,1	4477	4944	5412	93,5
5	4113	4554	4995	88,2	5033	5582	6131	109,8
6	4568	5074	5580	101,2	5586	6216	6846	126,0
7	4960	5531	6103	114,3	6065	6776	7487	142,2
8	5415	6051	6688	127,3	6620	7412	8205	158,5
9	5872	6574	7276	140,4	7182	8055	8929	174,7
10	6262	7029	7796	153,4	7654	8609	9564	191,0
11	6719	7551	8384	166,5	8208	9244	10280	207,2
12	7174	8071	8969	179,5	8761	9878	10995	223,4
15	8597	9688	10779	218,2	10489	11847	13205	271,6
18	10013	11295	12578	256,5	12204	13800	15396	319,2
21	11419	12890	14362	294,3	13908	15739	17570	366,2
24	12753	14395	16138	328,5	15525	17569	19613	408,8

Tabelle 56.

	60 Pfdkr.: 29000 Mk.							
	Eincyl. Kond.-Masch.				Komp.-Kond.-Masch.			
	2.— ℳ	2.50 ℳ	3.— ℳ	Diff.	2.— ℳ	2.50 ℳ	3.— ℳ	Diff.
1	4012	4336	4660	64,8	3704	3951	4198	49,4
2	4783	5224	5666	88,3	4365	4702	5039	67,4
3	5555	6114	6673	111,8	5025	5451	5878	85,3
4	6231	6907	7584	135,3	5589	6105	6621	103,2
5	7003	7797	8591	158,8	6249	6854	7460	121,1
6	7772	8683	9594	182,2	6908	7603	8298	139,0
7	8449	9477	10406	205,7	7475	8260	9045	157,0
8	9220	10366	11512	229,2	8134	9008	9883	174,9
9	9992	11255	12519	252,7	8794	9758	10722	192,8
10	10668	12049	13430	276,2	9358	10411	11465	210,7
11	11440	12938	14437	299,7	10020	11163	12307	228,7
12	12211	13827	15443	323,2	10679	11912	13145	246,6
15	14603	16567	18531	392,8	12741	14239	15738	299,7
18	16980	19288	21597	461,7	14792	16553	18315	352,3
21	19340	21988	24637	529,7	16830	18851	20872	404,2
24	21571	24527	27484	591,3	18767	21022	23278	451,1

Gesamtkosten für 300 Arbeitstage.

Tabelle 57.

| | 80 Pfdkr. : 35000 Mk. | | | | | | | |
| | Eincyl. Kond.-Masch. | | | | Komp.-Kond.-Masch. | | | |
	2.— $\mathscr{M}$	2.50 $\mathscr{M}$	3.— $\mathscr{M}$	Diff.	2.— $\mathscr{M}$	2.50 $\mathscr{M}$	3.— $\mathscr{M}$	Diff.
1	4920	5336	5752	83,2	4546	4856	5176	64,0
2	5872	6439	7006	113,4	5348	5784	6220	87,2
3	6822	7539	8257	143,5	6160	6712	7264	110,4
4	7669	8537	9406	173,7	6867	7535	8203	133,6
5	8619	9638	10657	203,8	7679	8463	9247	156,8
6	9571	10741	11911	234,0	8491	9391	10291	180,0
7	10418	11739	13060	264,2	9198	10214	11230	203,2
8	11368	12839	14311	294,3	10010	11142	12275	226,4
9	12320	13942	15565	324,5	10822	12070	13318	249,6
10	13316	15089	16862	354,6	11529	12893	14257	272,8
11	14524	16448	18372	384,8	12341	13821	15301	296,0
12	15732	17807	19882	415,0	13153	14749	16345	319,2
15	19542	22064	24586	504,4	15678	17618	19558	388,0
18	23332	26296	29260	592,8	18187	20467	22747	456,0
21	27102	30503	33904	680,2	20680	23296	25912	523,2
24	30704	34500	38296	759,2	23045	25965	28885	584,0

Tabelle 58.

| | 100 Pfdkr. : 41000 Mk. | | | | | | | |
| | Eincyl. Kond.-Masch. | | | | Komp.-Kond.-Masch. | | | |
	2.— $\mathscr{M}$	2.50 $\mathscr{M}$	3.— $\mathscr{M}$	Diff.	2.— $\mathscr{M}$	2 50 $\mathscr{M}$	3.— $\mathscr{M}$	Diff.
1	5791	6291	6791	100,0	5327	5711	6095	76,8
2	6908	7589	8270	136,2	6276	6799	7322	104,6
3	8027	8889	9752	172,5	7227	7889	8552	132,5
4	9029	10072	11116	208,7	8061	8862	9664	160,3
5	10148	11373	12598	245,0	9012	9953	10894	188,2
6	11266	12672	14078	281,2	9962	11042	12122	216,0
7	12270	13857	15445	317,5	11396	12615	13834	243,8
8	13387	15155	16924	353,7	11747	13105	14464	271,7
9	14506	16456	18406	390,0	12684	14178	15673	298,9
10	15508	17639	19770	426,2	13532	15169	16806	327,4
11	16627	18939	21252	462,5	14481	16257	18033	355,2
12	17744	20237	22731	498,7	15430	17345	19260	383,0
15	21189	24220	27251	606,2	18377	20705	23033	465,6
18	24609	28171	31734	712,5	21303	24039	26775	547,2
21	28003	32090	36178	817,5	24209	27348	30487	627,8
24	31197	35759	40322	912,5	26963	30467	33971	700,8

In ähnlicher Weise sind die nachstehenden Tabellen für Gasmotoren und Dampfmaschinen bei 360 jährlichen Arbeitstagen berechnet, wobei sich das Verhältnis zwischen beiden Kraftquellen etwas zu Gunsten der Dampfkraft verschiebt, infolge der fortfallenden Sonntagspausen und der damit verbundenen Verluste für das Anheizen.

Wir haben die Rechnungen jedoch nur durchgeführt für einen Gaspreis von 10 Pfg. per cbm und einen Dampfpreis von Mk. 2.50 per 1000 kg Dampf, wobei wir die Differenzzahlen anhängten, für je einen Pfennig Preisunterschied des Gases, resp. für je 10 Pfg. Mehr- oder Minderpreis des Dampfes.

Gesamte Betriebskosten pro 360 Arbeitstage im Jahre.

Tabelle 59.

10 pfdkr. Gasmotor.   Anlagekosten: 5 000 Mk.
Gaspreis: 10 ₰ pro cbm.   Verbrauch: 0,65 cbm p. Std. u. Pfdkr.

Tägliche Betriebszeit	Gaskosten	Unterhalt u. Schmier- mittel	Bedienung	Direkte Kosten	dazu indirekte	Gesamt- kosten	Diff.
1	234	50	60	344	390	734	23,4
2	468	75	84	627	400	1027	46,8
3	702	100	108	910	410	1320	70,2
4	936	125	120	1181	420	1601	93,6
5	1170	150	144	1464	430	1894	117,—
6	1404	175	168	1747	440	2187	140,4
7	1638	200	180	2018	450	2468	163,8
8	1872	225	204	2301	460	2761	187,2
9	2106	250	228	2584	470	3054	210,6
10	2340	275	240	2855	480	3335	234,—
11	2574	300	264	3138	490	3628	257,4
12	2808	325	288	3421	500	3921	280,8
15	3510	400	372	4282	530	4812	351,—
18	4212	475	456	5143	560	5703	421,2
21	4914	525	540	5979	590	6569	491,6
24	5616	600	624	6840	690	7460	561,6

Gesamte Betriebskosten pro 360 Arbeitstage im Jahre.

Tabelle 60.

20 pfdkr. Gasmotor. Anlagekosten: 7 000 Mk.
Gaspreis: 10 ₰ pro cbm. Verbrauch: 0,625 cbm p. Std. u. Pfdkr.

Tägliche Betriebszeit	Gaskosten	Unterhalt u. Schmier- mittel	Bedienung	Direkte Kosten	dazu indirekte	Gesamt- kosten	Diff.
1	450	77	105	632	546	1178	45,—
2	900	115	147	1162	560	1722	90,—
3	1350	154	189	1693	574	2267	135,—
4	1800	192	210	2202	588	2790	180,—
5	2250	231	252	2733	602	3335	225,—
6	2700	269	294	3263	616	3879	270,—
7	3150	308	315	3773	630	4403	315,—
8	3600	346	357	4303	644	4947	360,—
9	4050	385	399	4834	658	5492	405,—
10	4500	423	420	5343	672	6015	450,—
11	4950	462	462	5874	686	6560	435,—
12	5400	500	504	6404	700	7104	540,—
15	6750	615	651	8016	742	8758	675,—
18	8100	730	798	9628	784	10412	810,—
21	9450	845	945	11240	826	12066	945,—
24	10800	960	1092	12852	868	13720	1080,—

Tabelle 61.

30 pfdkr. Gasmotor. Anlagekosten: 9 000 Mk.
Gaspreis: 10 ₰ pro cbm. Verbrauch: 0,6 cbm p. Std. u. Pfdkr

Tägliche Betriebszeit	Gaskosten	Unterhalt u. Schmier- mittel	Bedienung	Direkte Kosten	dazu indirekte	Gesamt- kosten	Diff.
1	648	103	150	901	702	1603	64,8
2	1296	154	210	1660	720	2380	129,6
3	1944	206	270	2420	738	3158	194,4
4	2592	257	300	3149	756	3905	259,2
5	3240	309	360	3909	774	4683	324,—
6	3888	360	420	4668	792	5460	388,8
7	4536	412	450	5398	810	6208	453,6
8	5184	463	510	6157	828	6985	518,4
9	5832	515	570	6917	846	7763	583,2
10	6480	566	600	7646	864	8510	648,—
11	7128	618	660	8406	882	9288	712,8
12	7776	669	720	9165	900	10065	777,8
15	9720	824	930	11474	954	12428	972,—
18	11664	979	1140	13783	1008	14791	1166,4
21	13608	1134	1350	16092	1062	17154	1360,8
24	15552	1289	1560	18401	1116	19517	1555,2

Gesamte Betriebskosten pro 360 Arbeitstage im Jahre.

Tabelle 62.

40 pfdkr. Gasmotor.   Anlagekosten 11 000 Mk.

Gaspreis: 10 ₰ pro cbm.   Verbrauch: 0,575 cbm p. Std. u. Pfdkr.

Tägliche Betriebszeit	Gaskosten	Unterhalt u. Schmiermittel	Bedienung	Direkte Kosten	dazu indirekte	Gesamtkosten	Diff.
1	828	128	196	1152	858	2010	82,8
2	1656	192	273	2121	880	3001	165,6
3	2484	256	351	3091	902	3993	248,4
4	3312	320	390	4022	924	4946	331,2
5	4140	384	468	4992	946	5938	414,—
6	4968	448	546	5962	968	6930	496,8
7	5796	512	585	6893	990	7883	579,6
8	6624	576	663	7863	1012	8875	662,4
9	7452	640	741	8833	1034	9867	745,2
10	8280	704	780	9764	1056	10820	828,—
11	9108	768	858	10734	1078	11812	910,8
12	9936	832	936	11704	1100	12804	993,6
15	12420	1024	1209	14653	1166	15819	1242,—
18	14904	1216	1482	17602	1232	18834	1490,4
21	17388	1408	1755	20551	1298	21849	1738,8
24	19872	1600	2028	23500	1364	24864	1987,2

Tabelle 63.

60 pfdkr. Gasmotor.   Anlagekosten: 15 000 Mk.

Gaspreis: 10 ₰ pro cbm.   Verbrauch: 0,55 cbm p. Std. u. Pfdkr.

Tägliche Betriebszeit	Gaskosten	Unterhalt u. Schmiermittel	Bedienung	Direkte Kosten	dazu indirekte	Gesamtkosten	Diff.
1	1188	176	285	1649	1170	2819	118,8
2	2376	264	399	3039	1200	4239	237,6
3	3564	352	513	4427	1230	5657	356,4
4	4752	440	570	5762	1260	7022	475,2
5	5940	528	684	7152	1290	8442	594,—
6	7128	616	798	8542	1320	9862	712,8
7	8316	704	855	9875	1350	11225	831,6
8	9504	792	969	11265	1380	12645	950,4
9	10692	880	1083	12655	1410	14065	1069,2
10	11880	968	1140	13988	1440	15428	1188,—
11	13068	1056	1254	15378	1470	16848	1306,8
12	14256	1144	1368	16768	1500	18268	1425,6
15	17820	1408	1767	20995	1590	22585	1782,—
18	21384	1672	2166	25222	1680	26902	2138,4
21	24948	1936	2565	29449	1770	31219	2494,8
24	28512	2200	2964	33676	1860	35536	2851,2

Gesamte Betriebskosten pro 360 Arbeitstage im Jahre.

Tabelle 64.

80 pfdkr. Gasmotor. Anlagekosten: 19 000 Mk.
Gaspreis: 10 ₰ pro cbm. Verbrauch: 0,55 cbm p. Std. u. Pfdkr.

Tägliche Betriebszeit	Gaskosten	Unterhalt u. Schmier- mittel	Bedienung	Direkte Kosten	dazu indirekte	Gesamt- kosten	Diff.
1	1584	221	330	2135	1482	3617	158,4
2	3168	331	462	3961	1520	5481	316,8
3	4752	442	594	5788	1558	7346	475,2
4	6336	552	660	7548	1596	9144	633,6
5	7920	663	792	9375	1634	11009	792,—
6	9504	773	924	11201	1672	12873	950,4
7	11088	884	990	12962	1710	14672	1108,8
8	12672	994	1122	14788	1748	16536	1267,2
9	14256	1105	1254	16615	1786	18401	1425,6
10	15840	1215	1320	18375	1824	20199	1584,—
11	17424	1326	1452	20202	1862	22064	1742,4
12	19008	1436	1584	22028	1900	23928	1900,8
15	23760	1767	2046	27573	2014	29587	2376,—
18	28512	2098	2508	33118	2128	35246	2851,2
21	33264	2429	2970	38663	2242	40905	3326,4
24	38016	2760	3432	44208	2356	46564	3801,6

Tabelle 65.

100 pfdkr. Gasmotor. Anlagekosten: 23 000 Mk.
Gaspreis: 10 ₰ pro cbm. Verbrauch: 0,55 cbm p. St. u Pfdkr.

Tägliche Betriebszeit	Gaskosten	Unterhalt u- Schmier- mittel	Bedienung	Direkte Kosten	dazu indirekte	Gesamt- kosten	Diff.
1	1872	262	375	2509	1794	4303	187,2
2	3744	393	525	4662	1840	6502	374,4
3	5616	524	675	6815	1886	8701	561,6
4	7488	655	750	8893	1932	10825	748,8
5	9360	786	900	11046	1978	13024	936,—
6	11232	917	1050	13199	2024	15223	1123,2
7	13104	1048	1125	15277	2070	17347	1310,8
8	14976	1179	1275	17430	2116	19546	1497,6
9	16848	1310	1425	19583	2162	21745	1684,6
10	18720	1441	1500	21661	2208	23869	1872,—
11	20592	1572	1650	23814	2254	26068	2059,2
12	22464	1703	1800	25967	2300	28267	2246,4
15	28080	2093	2325	32498	2438	34936	2808,—
18	33696	2486	2850	39032	2576	41608	3369,6
21	39312	2879	3375	45566	2714	48280	3931,2
24	44928	3272	3900	52100	2852	54952	4492,8

Gesamte Betriebskosten pro 360 Arbeitstage im Jahre.

Tabelle 66.

10 pfdkr. eincyl. Auspuffmaschine. Anlagekosten: 9000 Mk.
Dampfpreis: 2.50 Mk. pro 1000 kg. Verbrauch: 24 kg p. Std. u. eff. Pfdkr.

Tägliche Betriebszeit	Brennstoff-Kosten	Unterhalt u. Schmier-mittel	Bedienung	Direkte Kosten	dazu indirekte	Gesamt-kosten	Diff.
1	545	50	270	865	648	1513	21,8
2	755	75	378	1208	660	1868	30,2
3	965	100	486	1551	672	2323	38,6
4	1175	125	540	1840	684	2524	47,0
5	1385	150	648	2183	696	2879	55,4
6	1595	175	756	2526	708	3234	63,8
7	1805	200	810	2815	720	3535	72,2
8	2015	225	918	3158	732	3890	80,6
9	2125	250	1026	3401	744	4145	89,0
10	2435	275	1080	3790	756	4546	97,4
11	2645	300	1188	4133	768	4901	105,8
12	2855	325	1296	4476	780	5256	114,2
15	3467	400	1674	5541	816	6357	138,7
18	4067	475	2052	6594	852	7446	162,7
21	4655	525	2430	7610	888	8498	186,2
24	5190	600	2808	8598	924	9522	207,6

Tabelle 67.

20 pfdkr. eincyl. Auspuffmaschine. Anlagekosten: 13000 Mk.
Dampfpreis: 2.50 Mk. pro 1000 kg. Verbrauch: 22 kg p. Std. u. eff. Pfdkr.

Tägliche Betriebszeit	Brennstoff-Kosten	Unterhalt u. Schmier-mittel	Bedienung	Direkte Kosten	dazu indirekte	Gesamt-kosten	Diff.
1	1000	77	330	1407	942	2349	40,0
2	1385	115	462	1962	960	2922	55,4
3	1770	154	594	2518	978	3496	70,8
4	2155	192	660	3007	996	4003	86,2
5	2540	231	792	3563	1014	4577	101,6
6	2925	269	924	4118	1032	5150	117,0
7	3310	308	990	4608	1050	5658	132,4
8	3695	346	1122	5163	1068	6231	147,8
9	4080	385	1254	5719	1086	6805	163,2
10	4465	423	1320	6208	1104	7312	178,6
11	4850	462	1452	6764	1122	7886	194,0
12	5235	500	1584	7319	1140	8459	209,4
15	6357	615	2046	9018	1194	10212	254,3
18	7457	730	2508	10695	1248	12943	298,3
21	8535	845	2970	12350	1302	13652	341,4
24	9515	960	3432	13907	1356	15263	380,6

Gesamte Betriebskosten pro 360 Arbeitstage im Jahre.

Tabelle 68.

30 pfdkr. eincyl.Auspuffmaschine. Anlagekosten: 17 000 Mk.

Dampfpreis: 2.50 Mk. pro 1000 kg. Verbrauch: 20 kg p. Std. u. eff. Pfdkr.

Tägliche Betriebszeit	Brennstoff Kosten	Unterhalt u. Schmier-mittel	Bedienung	Direkte Kosten	dazu indirekte	Gesamt-kosten	Diff.
1	1365	103	390	1858	1236	3086	54,6
2	1890	154	546	2590	1260	3850	75,6
3	2415	206	702	3323	1284	4607	96,6
4	2940	257	780	3977	1308	4285	117,6
5	3465	309	936	4710	1332	6042	138,6
6	3990	360	1092	5442	1356	6798	159,6
7	4515	412	1170	6097	1380	7477	180,6
8	5040	463	1326	6829	1404	8233	201,6
9	5565	515	1482	7562	1428	8990	222,6
10	6090	566	1560	8216	1452	9668	243,6
11	6615	618	1716	8949	1476	10425	264,6
12	7140	669	1872	9681	1500	11181	285,6
15	8670	824	2418	11912	1572	13484	346,8
18	10170	979	2964	14113	1644	15757	406,8
21	11640	1134	3510	16284	1716	18000	465,6
24	12975	1289	4056	18320	1788	20108	519,0

Tabelle 69.

40 pfdkr. eincyl. Auspuffmaschine. Anlagekosten: 21 000 Mk.

Dampfpreis: 2.50 Mk. pro 1000 kg. Verbrauch: 18,5 kg p. Std. u. eff. Pfdkr

Tägliche Betriebszeit	Brennstoff-Kosten	Unterhalt u. Schmier-mittel	Bedienung	Direkte Kosten	dazu indirekte	Gesamt-kosten	Diff.
1	1682	128	450	2260	1530	3790	67,3
2	2330	192	630	3152	1560	4712	93,2
3	2977	256	810	4043	1590	5633	119,1
4	3625	320	900	4845	1620	6465	145,0
5	4272	384	1080	5736	1650	7386	170,9
6	4920	448	1260	6628	1680	8308	196,8
7	5567	512	1350	7429	1710	9139	222,7
8	6215	576	1530	8321	1740	10061	248,6
9	6862	640	1710	9212	1770	10982	274,5
10	7510	704	1800	10014	1800	11814	300,4
11	8157	768	1980	10905	1830	12735	326,3
12	8805	832	2160	11797	1860	13657	352,2
15	10692	1024	2790	14506	1950	16456	427,7
18	12542	1216	3420	17178	2040	19218	501,7
21	14355	1408	4050	19813	2130	21943	574,2
24	16002	1600	4680	22282	2220	24502	640,1

Gesamte Betriebskosten pro 360 Arbeitstage im Jahre.

Tabelle 70.

60 pfdkr. eincyl. Auspuffmaschine. Anlagekosten: 29 000 Mk.
Dampfpreis: 2.50 Mk.pro 1000 kg. Verbrauch: 17 kg p. Std. u. eff. Pfdkr.

Tägliche Betriebszeit	Brennstoff- Kosten	Unterhalt u. Schmier- mittel	Bedienung	Direkte Kosten	dazu indirekte	Gesamt- kosten	Diff.
1	2320	176	570	3066	2118	5184	92,8
2	3212	264	798	4274	2160	6434	128,5
3	4105	352	1026	5483	2202	7685	164,2
4	4997	440	1140	6577	2244	8821	199,9
5	5890	528	1368	7786	2286	10072	235,6
6	6782	616	1596	8994	2328	11322	271,3
7	7675	704	1710	10089	2370	12459	307,0
8	8567	792	1938	11297	2412	13709	342,7
9	9460	880	2176	12516	2454	14970	378,4
10	10352	968	2280	13600	2496	16096	414,1
11	11245	1056	2508	14709	2538	17247	449,8
12	12137	1144	2736	16017	2580	18597	485,5
15	14740	1408	3534	19282	2706	21988	589,6
18	17290	1672	4332	23294	2832	26126	691,6
21	19787	1936	5130	26853	2958	29811	791,5
24	22057	2200	5928	30185	3084	33269	882,3

Tabelle 71.

80 pfdkr. eincyl. Auspuffmaschine. Anlagekosten: 35000 Mk.
Dampfpreis: 2.50 Mk. pro 1000 kg. Verbrauch: 16,5 kg p. Std. u. eff. Pfdkr.

Tägliche Betriebszeit	Brennstoff- Kosten	Unterhalt u. Schmier- mittel	Bedienung	Direkte Kosten	dazu indirekte	Gesamt- kosten	Diff.
1	3002	221	630	3853	2568	6421	120,1
2	4157	331	882	5370	2620	7990	166,3
3	5312	442	1134	6888	2672	9560	212,5
4	6467	552	1260	8279	2724	11003	258,7
5	7622	663	1512	9797	2776	12573	304,9
6	8777	773	1764	11314	2828	14142	351,1
7	9932	884	1890	12706	2880	15586	397,3
8	11087	994	2142	14223	2932	17155	443,5
9	12242	1105	2394	15741	2984	18725	489,7
10	13397	1215	2520	18132	3036	21168	535,9
11	14552	1326	2772	18650	3088	21738	582,1
12	15707	1436	3024	20167	3140	23307	628,3
15	19075	1767	3906	24748	3296	28044	763,0
18	22375	2098	4788	29261	3452	32713	895,0
21	25632	2429	5670	33731	3608	37339	1025,3
24	28545	2760	6552	37857	3764	41621	1141,8

Gesamte Betriebskosten pro 360 Arbeitstage im Jahre.

Tabelle 72.

100 pfdkr. eincyl. Auspuffmaschine.   Anlagekosten: 41 000 Mk.
Dampfpreis: 2.50 Mk. pro 1000 kg.   Verbrauch: 16 kg p. Std. u. eff. Pfdkr.

Tägliche Betriebszeit	Brennstoff-Kosten	Unterhalt u. Schmiermittel	Bedienung	Direkte Kosten	dazu indirekte	Gesamtkosten	Diff.]
1	3640	262	690	4592	3018	7610	145,6
2	5040	393	966	6399	3080	9479	201,6
3	6440	524	1242	8206	3142	11348	257,6
4	7840	655	1380	9875	3204	13079	313,6
5	9240	786	1656	11682	3266	14948	369,6
6	10640	917	1932	13489	3328	16817	425,6
7	12040	1048	2070	15158	3390	18548	481,6
8	13440	1179	2346	16965	3452	20417	537,6
9	14840	1310	2622	18772	3514	22286	593,6
10	16240	1441	2760	20441	3576	24017	649,6
11	17640	1572	3036	22248	3638	25886	705,6
12	19040	1703	3312	24055	3700	27755	761,6
15	23120	2093	4278	29491	3886	33377	924,8
18	27120	2486	5244	34850	4072	38922	1084,8
21	31040	2879	6210	40129	4258	44387	1241,6
24	34600	3272	7176	45048	4444	49492	1384,0

Tabelle 73.

30 pfdkr. eincyl. Kond.-Maschine.   Anlagekosten: 17 000 Mk.
Dampfpreis: 2.50 Mk. pro 1000 kg.   Verbrauch: 15 kg p. Std. u. eff. Pfdkr.

Tägliche Betriebszeit	Brennstoff-Kosten	Unterhalt u. Schmiermittel	Bedienung	Direkte Kosten	dazu indirekte	Gesamtkosten	Diff.
1	1022	103	390	1515	1236	2751	40,4
2	1417	154	546	2117	1260	3377	56,7
3	1810	206	702	2718	1284	4002	72,4
4	2205	257	780	3242	1308	4550	88,2
5	2517	309	936	3762	1332	5094	103,9
6	2992	360	1092	4444	1356	5800	119,7
7	3385	412	1172	4969	1380	6349	135,4
8	3780	463	1326	5569	1404	6973	151,2
9	4172	515	1482	6169	1428	7597	166,9
10	4567	566	1560	6693	1452	8145	182,7
11	4960	618	1716	7294	1476	8770	198,4
12	5355	669	1872	7896	1500	9396	214,2
15	6502	824	2418	9744	1572	11316	260,1
18	7627	979	2964	11570	1644	13214	305,1
21	8730	1134	3510	13374	1716	15090	349,2
24	9730	1289	4056	15075	1788	16863	389,2

Gesamte Betriebskosten pro 360 Arbeitstage im Jahre.

Tabelle 74.

40 pfdkr. eincyl. Kond.-Maschine.   Anlagekosten: 21 000 Mk.
Dampfpreis: 2.50 Mk. pro 1000 kg.   Verbrauch: 14 kg p. Std. u. eff. Pfdkr.

Tägliche Betriebszeit	Brennstoff-Kosten	Unterhalt u. Schmier-mittel	Bedienung	Direkte Kosten	dazu indirekte	Gesamt-kosten	Diff.
1	1275	128	450	1853	1530	3383	51,0
2	1765	192	630	2587	1560	4147	70,6
3	2255	256	810	3321	1590	4911	90,2
4	2745	320	900	3965	1620	5585	109,8
5	3235	384	1080	4699	1650	6349	129,4
6	3725	448	1260	5433	1680	7113	149,0
7	4215	512	1350	6077	1710	7787	168,6
8	4705	576	1530	6811	1740	8551	188,2
9	5195	640	1710	7545	1770	9315	207,8
10	5685	704	1800	8189	1800	9989	227,4
11	6175	768	1980	8923	1830	10753	247,0
12	6665	832	2160	9657	1860	11517	266,6
15	8092	1024	2790	11906	1950	13856	323,7
18	9492	1216	3420	14128	2040	16168	379,7
21	10865	1408	4050	16323	2130	18453	434,6
24	12110	1600	4680	18390	2220	20610	484,4

Tabelle 75.

60 pfdki. eincyl. Kond.-Maschine.   Anlagekosten: 29 000 Mk.
Dampfpreis: 2.50 Mk. pro 1000 kg.   Verbrauch: 13,5 kg p. Std. u. eff. Pfdkr.

Tägliche Betriebszeit	Brennstoff-Kosten	Unterhalt u. Schmier-mittel	Bedienung	Direkte Kosten	dazu indirekte	Gesamt-kosten	Diff.
1	1842	176	570	2588	2118	4706	73,7
2	2552	264	798	3614	2160	5774	102,1
3	3260	352	1026	4638	2202	6840	130,4
4	3970	440	1140	5550	2244	7794	158,8
5	4677	528	1368	6573	2286	8859	187,1
6	5387	616	1596	7599	2328	9927	215,5
7	6095	704	1710	8509	2370	10879	243,8
8	6805	792	1938	9535	2412	11947	272,2
9	7612	880	2176	10668	2454	13122	304,5
10	8222	968	2280	11470	2496	14966	328,9
11	8930	1056	2508	12494	2538	15032	357,2
12	9640	1144	2736	13520	2580	16100	385,6
15	11705	1408	3534	16647	2706	18353	468,2
18	13730	1672	4332	19734	2832	22566	549,2
21	15715	1936	5130	22781	2958	45739	628,6
24	17515	2200	5928	25643	3084	28727	700,6

Gesamte Betriebskosten pro 360 Arbeitstage im Jahre.

Tabelle 76.

80 pfdkr. eincyl. Kond.-Maschine. Anlagekosten: 35 000 Mk.
Dampfpreis: 2.50 Mk. pro 1000 kg. Verbrauch: 13 kg p. Std. u. eff. Pfdkr.

Tägliche Betriebszeit	Brennstoff-Kosten	Unterhalt u. Schmier-mittel	Bedienung	Direkte Kosten	dazu indirekte	Gesamt-kosten	Diff.
1	2365	221	630	3216	2568	5784	94,6
2	3275	331	882	4488	2620	7108	131,0
3	4185	442	1134	5761	2672	8433	167,4
4	5095	552	1260	6907	2724	9631	203,8
5	6005	663	1512	8180	2776	10956	240,2
6	6915	773	1764	9452	2828	12280	276,6
7	7825	884	1890	10599	2880	13479	313,0
8	8735	994	2142	11871	2932	14803	349,4
9	9645	1105	2394	13044	2984	16028	385,8
10	10555	1215	2520	14290	3036	17326	422,2
11	11465	1326	2772	15563	3088	19651	458,6
12	12375	1436	3024	16835	3140	19975	495,0
15	15027	1767	3906	20700	3296	23996	601,1
18	17627	2098	4788	24513	3452	27965	705,1
21	20175	2429	5670	28274	3608	31882	807,0
24	22490	2760	6552	31802	3764	35566	899,6

Tabelle 77.

100 pfdkr. eincyl. Kond.-Maschine. Anlagekosten: 41 000 Mk.
Dampfpreis: 2,50 Mk. pro 1000 kg. Verbrauch: 12,5 kg p. Std. u. eff. Pfdkr.

Tägliche Betriebszeit	Brennstoff-Kosten	Unterhalt u. Schmier-mittel	Bedienung	Direkte Kosten	dazu indirekte	Gesamt-Kosten	Diff.
1	2842	262	690	3794	3018	6812	113,7
2	3937	393	966	5296	3080	8376	157,5
3	5030	524	1242	6796	3142	9938	201,2
4	6125	655	1380	8160	3204	11364	245,0
5	7217	786	1656	9659	3266	12925	288,7
6	8312	917	1932	11161	3328	14489	332,5
7	9405	1048	2070	12523	3390	15913	376,2
8	10500	1179	2346	14025	3452	17477	420,0
9	11592	1310	2622	15524	3514	19068	463,7
10	12687	1441	2760	16888	3576	20464	507,5
11	13780	1572	3036	18388	3638	22026	551,2
12	14875	1703	3312	19890	3700	23590	595,0
15	18062	2093	4278	24433	3886	28319	722,5
18	21187	2486	5244	28917	4072	32989	847,5
21	24250	2879	6210	33339	4258	37597	970,0
24	27030	3272	7176	37478	4444	41922	1081,2

Gesamte Betriebskosten pro 360 Arbeitstage im Jahre.

Tabelle 78.

60 pfdkr. Komp.-Kond.-Maschine. Anlagekosten: 29 000 Mk.
Dampfpreis: 2.50 Mk. pro 1000 kg. Verbrauch: 10,3 kg p. Std. u. eff. Pfdkr.

Tägliche Betriebszeit	Brennstoff-Kosten	Unterhalt u. Schmier-mittel	Bedienung	Direkte Kosten	dazu indirekte	Gesamt-kosten	Diff.
1	1405	176	570	2151	2118	4269	56,2
2	1947	264	798	3009	2160	5169	77,9
3	2487	352	1026	3865	2202	6067	99,5
4	3027	440	1140	4607	2244	6851	121,1
5	3570	528	1368	5466	2286	7752	142,8
6	4100	616	1596	6312	2328	8640	164,0
7	4650	704	1710	7064	2370	9434	186,0
8	5190	792	1938	7920	2412	10332	207,6
9	5732	880	2176	8788	2454	11242	229,3
10	6272	968	2280	9520	2496	12016	250,9
11	6812	1056	2508	10376	2538	12914	272,5
12	7355	1144	2736	11235	2580	13815	294,2
15	8930	1408	3534	13872	2706	16578	357,2
18	10475	1672	4332	16479	2832	19311	419,0
21	11990	1936	5130	19056	2958	22014	479,6
24	13365	2200	5928	21493	3084	24577	534,6

Tabelle 79.

80 pfdkr. Komp.-Kond.-Maschine. Anlagekosten: 35 000 Mk.
Dampfpreis: 2.50 Mk. pro 1000 kg. Verbrauch: 9,9 kg p. Std. u. eff. Pfdkr.

Tägliche Betriebszeit	Brennstoff-Kosten	Unterhalt u. Schmier-mittel	Bedienung	Direkte Kosten	dazu indirekte	Gesamt-kosten	Diff.
1	1820	221	630	2671	2568	5239	72,8
2	2520	331	882	3733	2620	6353	100,8
3	3220	442	1134	4796	2672	7468	128,8
4	3920	552	1260	5732	2724	8456	156,8
5	4620	663	1512	6795	2776	9571	184,8
6	5320	773	1764	7857	2828	10685	212,8
7	6020	884	1890	8794	2880	11674	240,8
8	6720	994	2142	9856	2932	12788	268,8
9	7420	1105	2394	10919	2984	12903	296,8
10	8120	1215	2520	11855	3036	14891	324,8
11	8820	1326	2772	12918	3088	16006	352,8
12	9520	1436	3024	13980	3140	17120	380,8
15	11560	1767	3906	17233	3296	20529	462,4
18	13560	2098	4788	20446	3452	23898	542,4
21	15520	2429	5670	23619	3608	27227	620,8
24	17300	2760	6552	26612	3764	27376	692,0

Gesamte Betriebskosten pro 360 Arbeitstage im Jahre.

Tabelle 80.

100 pfdkr. Komp.-Kond.-Maschine. Anlagekosten: 41000 Mk.

Dampfpreis: 2.50 Mk. pro 1000 kg. Verbrauch: 9,6 kg p. Std. u. eff. Pfdkr.

Tägliche Betriebszeit	Brennstoff-Kosten	Unterhalt u. Schmier-mittel	Bedienung	Direkte Kosten	dazu indirekte	Gesamt-kosten	Diff.
1	2185	262	690	3137	3018	6155	87,4
2	3025	393	966	4384	3080	7464	121,0
3	3865	524	1242	5631	3142	8773	154,6
4	4705	655	1380	6740	3204	9944	188,2
5	5545	786	1656	7987	3266	11253	221,8
6	6385	917	1932	9234	3328	12562	255,4
7	7225	1048	2070	10343	3390	13733	289,0
8	8065	1179	2346	11590	3452	15042	322,6
9	8905	1310	2622	12837	3514	16351	356,2
10	9745	1441	2760	13946	3576	17522	389,8
11	10585	1572	3036	14193	3638	17831	423,4
12	11425	1703	3312	16440	3700	20140	457,0
15	13872	2093	4278	20243	3886	24129	554,9
18	16272	2486	5244	24002	4072	28074	650,9
21	18625	2879	6210	27714	4258	31972	745,0
24	20765	3272	7176	31213	4444	35657	830,4

Bei genauerer Betrachtung vorstehender Tabellen ist klar erkenntlich, dafs überall, wo für den event. erzeugten Abdampf keine Verwendung ist, bei niedrigen Gaspreisen und geringer täglicher Arbeitszeit, sogar Kondensationsmaschinen schwer mit dem Gasmotor zu konkurrieren haben, wogegen der Dampfbetrieb bei längerer täglicher Verwendung günstiger ausfällt, so dafs in allen Fällen, wo es sich um nur stundenweise Benutzung, selbst grofser Kräfte handelt, immer die Erzeugung durch Gasmotoren zu erwägen ist, wobei sich vielfach ergeben wird, dafs man damit besser fährt, als beim Dampfbetrieb.

Von manchen Gasanstalten wird Gas zum Betriebe solcher Motoren, welche zur Erzeugung elektrischen Lichtes dienen, zu höherem Preis berechnet, was sich nur damit rechtfertigen läfst, dafs der Bedarf in die gleiche Zeit fällt, zu welcher Gas zu direkter Beleuchtung, also zu besserem Preis benötigt wird und die betreffenden Gasanstalten befürchten, beiden Anforderungen gleichzeitig nicht genügen zu können.

Andernfalls wäre die Mafsregel entschieden zu verwerfen, da dann vielfach, anstatt des ursprünglich projektierten Gasmotors, Dampfkraft genommen wird, und ist es bei der immer häufiger zur Erörterung kommenden Rauch- und Rufsplage jedenfalls richtiger, den Wettbewerb des Gasbetriebs gegen den Dampfbetrieb durch billige Preise für Motorengas zu unterstützen.

Aufser dem städtischen Leuchtgas kommen in neuerer Zeit noch eine ganze Reihe anderer Gasarten, sowie alle leicht vergasbaren Flüssigkeiten, wie Benzin, Petroleum, Naphtha etc. etc. für den Motorenbetrieb zur Verwendung, über deren Kosten schon einiges gelegentlich der Bestimmung der Kraftkosten von Leuchtgasmotoren gesagt wurde.

Zur Vervollständigung diene die nachstehende Tabelle über die verschiedenen, in Frage kommenden Flüssigkeiten und Gase, in welcher angegeben ist, wieviel der Mafseinheit des betreffenden Stoffes der Wirkung eines Cubikmeters Leuchtgas von ca. 5000 W.-E. bei 15° C. etwa gleichkommt.

Tabelle 81.

Brennstoff	Spec. Gewicht bei 15° C.	WE. per Mafs-einheit	Gew. in kg	Volum. in 1	Wärme-menge in WE.	Verbrauch per effekt. Pfdkr.
			welche 1 cbm Steinkohlen-Leuchtgas entsprechen			
		per kg				kg bei 1—8 Pfdkr.
Benzin	ca. 0,7	ca.11000	ca.0,55	ca 0,69	ca.6000	0,36—0,5
Benzol	0,885	—	—	—	—	0,35—0,48
Petroleum	ca. 0,8	ca.10000	ca.8,65	ca.0,71	ca.6500	0,45—0,63
Spiritus	ca. 0,833	ca. 7000	ca.0,75	ca.0,9	ca.5300	0,45—0,63
Solaröl	ca. 0,83	—	—	—	—	—
		per cbm				cbm
Acetylengas, aus .	0,9 bei Luft =1	—	—	ca. 270	—	0,2—0,26
Calcium-Carbid . .	2,22	—	ca. 0,9	—	—	—
Ölgas, aus . . .	—	—	—	ca. 600	—	0,45—0,6
Braunkohlen-und						
Petroleum - Rück-						
ständen	0,85 — 0,9	—	ca. 0,9	—	—	—
Luftgas, aus . . .	—	—	—	ca.1000	5500	0,75—1
Gasolin etc. . . .	0,65	—	0,4	—	—	
Wassergas und das						cbm bei 100 und mehr Pfdkr.
bei seiner Erzeu-						
gung gewonnene	0,51 bei Luft = 1	ca. 2400	—	ca.2200	ca.5300	1,2
Generatorgas *) . .	1 bei Luft = 1	ca. 700	—	ca.7600	ca.5300	ca. 3,5
Hochofen - Gicht-						
gas	1 bei Luft = 1	ca. 950	—	ca.7000	ca.6600	ca. 3,5
Steinkohlen-						
Leuchtgas . . .	0,42 bei Luft = 1	ca. 5000	—	ca.1000	ca.5000	ca. 0,5
Schweelgas . . .	—	ca. 2700	—	1800-2000	ca.5200	ca. 1
Dowson-Gas, aus .	0,83 bei Luft = 1	ca. 1300	—	3600-4000	ca.5200	ca. 1,8—2
½ Anthrac. und						
½ Koks . .	—	—	0,9	—	—	ca. 0,45 kg

*) Hierbei ist zu beachten, dafs bei der Herstellung des Wassergases gleichzeitig ein minderwertiges Generatorgas entsteht von ca. 700 WE. per cbm, welches sich sehr gut zum Motorenbetrieb eignet, so dafs man es am Besten hierzu verwendet, das mit erzeugte Wassergas dagegen zu anderen Zwecken.

Bei Benutzung der Tabelle hat man für Brennstoffe, die keiner besonderen Gasbereitungsanstalt bedürfen, als Gaspreis denjenigen zu Grunde
zu legen, den eine, einem Cubikmeter Leuchtgas gleichwertige, Menge
Brennstoffs kostet; für Benzinbetrieb also den Preis von 0,6 kg Benzin etc. etc.
und kann man danach ohne Schwierigkeiten die Betriebskosten berechnen,
da überall Motoren von fast derselben Größe und Konstruktion wie für
Leuchtgas zur Anwendung kommen und nur die Kraftentwicklung, ebenso
wie die Bedienung etwas verschieden ist, je nach der Vollkommenheit,
mit der die Verbrennung im Motor erfolgt.

Für solche Gase, welche sonst nur teilweise Verwendung finden, wie
die der Gichten von Hochöfen, die Kokesöfen- und die Schweelgase der
Braunkohlenindustrie läßt sich nur von Fall zu Fall eine Betriebskosten-
berechnung aufstellen, da dieselben große Verschiedenheit in der Zusammensetzung zeigen.

Es erübrigt die Feststellung der Betriebskosten solcher Gasmaschinen,
welche mit eigener Gasanstalt verbunden sind, wie Luft-, Acetylen-,
Dowson- und Wassergasmotoren.

Auch das Ölgas gehört hierher, doch läßt sich bei diesem der Preis
des fertigen Gases, also einschließlich der Herstellungskosten zu Grunde
legen und so die Berechnung in gleicher Weise, wie für Benzin etc. durch-
führen, wogegen bei den übrigen Arten nur der Preis des Rohmaterials
vorliegt und der Herstellungspreis der Gase erst ermittelt werden muß.
Von diesen ist Acetylengas noch wenig zu Motorenbetrieb in Gebrauch,
höchstens in Verbindung mit Anlagen für Beleuchtung durch diesen
Stoff und liegen darüber abgeschlossene Resultate nicht vor, doch stellt
es sich für Kraftentwickelung sehr teuer.

Auch Luft- oder Aërogengas wird bisher meistens für Beleuchtungs-
zwecke angewandt, muß sich jedoch nach den Angaben der Prospekte
für den Motorenbetrieb zur Zeit billiger, als Benzin und Petroleum stellen,
so daß seine Anwendung bis zu etwa 20 Pferdestärken dort, wo kein
gewöhnliches Leuchtgas zur Verfügung steht, in Erwägung zu ziehen wäre.
Da hierüber indessen erst wenig Daten aus der Praxis vorliegen, unter-
lassen wir eine Betriebskostenaufstellung, zumal solche nach den schon
dafür gegebenen Anhalten nicht mehr schwierig ist.

Ähnlich liegt es beim Wassergas, welches als solches ziemlich kost-
spielig ist, weshalb man besser das, bei seiner Erzeugung mitgewonnene
Generatorgas zum Motorenbetrieb nimmt. Jedenfalls bleibt eins immer
ein Nebenprodukt des andern, so daß Betriebskostenrechnungen nur für
die jeweiligen Verhältnisse ausführbar sind.

Anders verhält es sich mit Dowsongas, welches sich ganz besonders
zu Kraftzwecken eignet, infolge der außerordentlich einfachen und billigen
Herstellungsweise.

Wie wir sehen, entspricht die Wirkung von 1 cbm Leuchtgas ungefähr derjenigen von 0,9 kg Brennstoff zur Dowsongaserzeugung, welche Angabe sich bezieht auf ein Gemisch aus rheinisch-westphälischem Anthracit und Kokes; nimmt man nur teureren englischen Anthracit, so wird die erforderliche Brennstoffmenge etwas geringer, dagegen wird sie gröfser, sobald nur billigerer Kokes zur Verwendung kommt, wobei noch zu berücksichtigen ist, dafs das aus letzterem erhaltene Gas einer gröfseren Reinigung bedarf und nicht jede Sorte zu brauchen ist.

Das genannte Brennstoffgemisch kostet je nach Lage des Verbrauchsortes zwischen 20 und 40 Mk. pro 1000 kg, oder 2—4 Pfg. pro kg, so dafs mit einem Betrag von 0,9 × 2 bis 0,9 × 4 = 1,8 bis 3,6 Pfg., die Leistung eines Cubikmeters Leuchtgas zu verrichten ist.

Für andere Brennstoffarten und Preise werden diese Beträge natürlich anders ausfallen und sind jedesmal besonders festzustellen, doch bleiben sie immer nur sehr gering und bewegen sich kaum über obige Grenzen hinaus.

Auf die Stundenpferdekraft bezogen, entspricht dies folgenden Verhältnissen:

20	30	40	50	60	80	100	Pfdkr.
0,625	0,6	0,575	0,575	0,55	0,55	0,55	cbm Leuchtgas

resp. das 0,9 fache an Brennstoff =

0,56	0,54	0,52	0,52	0,5	0,5	0,5	kg

oder:

1,12 --	1,08—	1,04—	1,04 —	1—	1—	1—	
2,24	2,16	2,08	2,08	2	2	2	Pfg.

Legt man einen Brennstoff zu Grunde, dessen Wert sich am Verbrauchsort auf 3 Pfg. pro kg, oder 30 Mk. pro 1000 kg stellt, also einem Gaspreis von 2,7 Pfg. pro cbm gleichkommt, und berücksichtigt, dafs für Anheizen etc. Verluste entstehen, welche sich im schlimmsten Falle so hoch belaufen als bei Dampfmaschinen, so erhalten wir folgende Tabelle für die Kraftkosten in Mark.:

Tabelle 82.

A. bei 300 Arbeitstagen:

Tägliche Betriebszeit in Stunden	Pferdekräfte					
	20	30	40	60	80	100
1	270	389	497	713	951	1188
2	368	530	677	971	1295	1619
3	466	671	857	1229	1639	2049
4	564	812	1037	1488	1984	2480
5	661	953	1217	1746	2328	2911
6	759	1094	1397	2005	2673	3341
7	857	1234	1577	2263	3017	3772
8	955	1375	1757	2522	3363	4203
9	1053	1516	1938	2780	3707	4633
10	1151	1657	2118	3038	4051	5064
11	1249	1798	2298	3297	4396	5494
12	1347	1939	2478	3555	4740	5925
15	1637	2357	3012	4321	5761	7202
18	1924	2770	3540	5079	6772	8464
21	2207	3178	4061	5827	7769	9712
24	2464	3548	4733	6504	8672	10840

B. bei 360 Arbeitstagen:

Tägliche Betriebszeit in Stunden	Pferdekräfte					
	20	30	40	60	80	100
1	307	442	565	811	1081	1351
2	425	612	782	1123	1497	1871
3	543	782	1000	1435	1913	2391
4	661	952	1217	1747	2329	2911
5	780	1122	1434	2058	2744	3430
6	898	1292	1652	2370	3160	3950
7	1016	1463	1869	2682	3576	4470
8	1134	1633	2086	2994	3992	4990
9	1252	1803	2304	3306	4408	5509
10	1370	1973	2521	3617	4823	6029
11	1488	2143	2738	3929	5239	6549
12	1606	2313	2956	4241	5655	7069
15	1951	2809	3589	5150	6867	8583
18	2288	3295	4210	6041	8055	10068
21	2619	3771	4819	6914	9219	11524
24	2919	4204	5372	7707	10276	12845

Die Ausgaben für Schmiermittel und Unterhaltung und diejenigen für Bedienung lassen sich ebenso hoch anrechnen wie bei Dampfmaschinen.

5*

Zur Bestimmung der indirekten Kosten sind jedoch erst die Herstellungspreise der verschiedenen Kraftgasanstalten festzustellen, wofür eingesetzt werden können bei:

	20	30	40	60—80	100	Pfdkr.
Apparate:	5000	6000	7000	8000	9000	Mk.
Baulichkeiten:	3000	4000	5000	6000	7000	»
Zus.	8000	10 000	12 000	14 000	16 000	Mk.

Rechnet man wieder 4 % Verzinsung des Anlagekapitals, 2 % Amortisation der Baulichkeiten und die gleiche Amortisation wie bisher für die maschinelle Einrichtung, so gibt dies die nachstehenden Beträge, welche den für den reinen Gasmotorenbetrieb erhaltenen hinzuzurechnen sind.

Abschreibung für 360 Arbeitstage.

Tabelle 83.

Tägliche Betriebszeit	%	\multicolumn{5}{c}{Pferdekräfte}				
		20	30	40	60—80	100
1	3,8	190	228	266	304	342
2	4	200	240	280	320	360
3	4,2	210	252	294	336	378
4	4,4	220	264	308	352	396
5	4,6	230	276	322	368	414
6	4,8	240	288	336	384	432
7	5	250	300	350	400	450
8	5,2	260	312	364	416	468
9	5,4	270	324	378	432	486
10	5,6	280	336	392	448	504
11	5,8	290	348	406	464	522
12	6	300	360	420	480	540
15	6,6	330	396	462	528	594
18	7,2	360	432	504	576	648
21	7,8	390	468	546	624	702
24	8,4	420	504	588	672	756

Hierzu überall 2 % Abschreibung der Gebäude und 4 % Verzinsung des Anlagekapitals:

2 % =	60.—	80.—	100.—	120.—	140.—
4 % =	320.—	400.—	480.—	560.—	640.—

Tabelle 84.
Abschreibung für 300 Arbeitstage.

Tägliche Betriebszeit	Pferdekräfte				
	20	30	40	60—80	100
1	180	220	260	296	332
2	189	230	272	310	348
3	198	241	284	324	364
4	207	251	296	338	380
5	216	262	308	352	396
6	225	272	320	366	412
7	234	283	332	380	428
8	243	293	344	394	444
9	252	304	356	408	460
10	261	314	368	422	476
11	270	325	380	436	492
12	279	335	392	450	508
15	306	367	428	492	556
18	333	398	464	534	604
21	360	430	500	576	652
24	387	461	536	618	700

Hierzu wiederum, wie vorher, 2% Amortisierung des Gebäudes, und 4% Verzinsung der Anlegesumme =

2%	60.—	80.—	100.—	120.—	140.—
4%	320.—	400.—	480.—	560.—	640.—

Hiernach ergeben sich folgende Kosten für den Kraftgasbetrieb:

Tabelle 85.

300 Arbeitstage. 20 Pferdekräfte.
Brennstoff: 30 Mk. p. 1000 kg. Anschaffungskosten: 15000 Mk.

Tägliche Betriebszeit	Kraftkosten	Unterhalt u. Schmiere	Bedienung	Totale direkte Kosten	dazu indirekte	Gesamt-Kosten	Diff.
1	270	64	275	609	1100	1709	9,0
2	368	96	385	849	1121	1970	12,3
3	466	128	495	1089	1142	2231	15,5
4	564	160	550	1274	1163	2437	18,8
5	661	192	660	1513	1184	2697	22,0
6	759	224	770	1753	1205	2958	25,3
7	857	256	825	1938	1226	3164	28,6
8	955	288	935	2178	1247	3425	31,8
9	1053	320	1045	2418	1268	3686	35,1
10	1151	352	1100	2603	1289	3892	38,4
11	1249	384	1210	2843	1310	4153	41,6
12	1347	416	1320	3083	1331	4414	44,9
15	1637	512	1705	3854	1394	5248	54,6
18	1924	608	2090	4622	1457	6079	64,1
21	2207	704	2475	5386	1520	6906	73,6
24	2464	800	2860	6124	1583	7707	82,1

Tabelle 86.

300 Arbeitstage. 30 Pferdekräfte.
Brennstoff: 30 Mk. p. 1000 kg. Anschaffungskosten: 19 000 Mk.

Tägliche Betriebszeit	Kraftkosten	Unterhalt u. Schmiere	Bedienung	Totale direkte Kosten	dazu indirekte	Gesamt-Kosten	Diff.
1	389	86	325	800	1392	2192	13,0
2	530	128	455	1113	1418	2531	17,7
3	671	171	585	1427	1445	2872	22,4
4	812	214	650	1676	1471	3147	27,1
5	953	257	780	1990	1498	3488	31,8
6	1094	300	910	2304	1524	3828	36,5
7	1234	343	975	2552	1551	4103	41,1
8	1375	386	1105	2866	1577	4443	45,8
9	1516	429	1235	3180	1604	4784	50,5
10	1657	472	1300	3429	1630	5059	55,2
11	1798	515	1430	3743	1657	5400	59,9
12	1939	558	1560	4057	1683	5740	64,6
15	2357	686	2015	5058	1763	6821	78,6
18	2770	815	2470	6055	1842	7897	92,3
21	3178	944	2925	7047	1922	8969	105,9
24	3548	1073	3380	8001	2001	10002	118,3

Tabelle 87.

300 Arbeitstage. 40 Pferdekräfte.
Brennstoff: 30 Mk. p. 1000 kg. Anschaffungskosten: 23 000 Mk.

Tägliche Betriebszeit	Kraftkosten	Unterhalt u. Schmiere	Bedienung	Totale direkte Kosten	dazu indirekte	Gesamt-Kosten	Diff.
1	497	107	375	979	1690	2669	16,6
2	677	160	525	1362	1721	3083	22,6
3	857	214	675	1746	1752	3498	28,6
4	1037	267	750	2054	1783	3837	34,6
5	1217	321	900	2438	1814	4252	40,6
6	1397	374	1050	2821	1845	4666	46,6
7	1577	428	1125	3130	1876	5006	52,6
8	1757	481	1275	3513	1907	5420	58,6
9	1938	535	1425	3898	1938	5836	64,6
10	2118	588	1500	4206	1969	6175	70,6
11	2298	642	1650	4590	2000	6590	76,6
12	2478	695	1800	4973	2031	7004	82,6
15	3012	856	2325	6193	2124	8317	100,4
18	3540	1016	2850	7406	2217	9623	118,0
21	4061	1177	3375	8613	2310	10923	135,4
24	4733	1337	3900	9970	2403	12373	157,8

Tabelle 88.

300 Arbeitstage.   60 Pferdekräfte.
Brennstoff: 30 Mk. p. 1000 kg.   Anschaffungskosten: 29 000 Mk.

Tägliche Betriebszeit	Kraftkosten	Unterhalt u. Schmiere	Bedienung	Totale direkte Kosten	dazu indirekte	Gesamt-Kosten	Diff.
1	713	147	475	1335	2146	3481	23,8
2	971	220	665	1856	2186	4042	32,4
3	1229	294	855	2378	2226	4604	40,6
4	1488	367	950	2805	2266	5071	49,6
5	1746	441	1140	3327	2306	5633	58,2
6	2005	514	1330	3849	2346	6195	66,8
7	2263	588	1425	4276	2386	6662	75,4
8	2522	661	1615	4798	2426	7224	84,1
9	2780	735	1805	5320	2466	7786	92,7
10	3038	808	1900	5746	2506	8252	101,3
11	3297	882	2090	6269	2546	8815	109,9
12	3555	955	2280	6790	2586	9376	118,5
15	4321	1176	2945	8442	2706	11148	144,0
18	5079	1396	3610	10085	2826	12911	169,3
21	5827	1617	4275	11719	2946	14765	194,2
24	6504	1837	4940	13281	3066	16347	216,8

Tabelle 89.

300 Arbeitstage.   80 Pferdekräfte.
Brennstoff: 30 Mk. p. 1000 kg.   Anschaffungskosten: 33 000 Mk.

Tägliche Betriebszeit	Kraftkosten	Unterhalt u. Schmiere	Bedienung	Totale direkte Kosten	dazu indirekte	Gesamt-Kosten	Diff.
1	951	184	525	1660	2457	4117	31,7
2	1295	276	735	2306	2504	4810	43,2
3	1639	368	945	2952	2551	5503	54,6
4	1984	460	1050	3494	2598	6092	66,1
5	2328	552	1260	4140	2645	6785	77,6
6	2673	644	1470	4787	2692	7479	89,1
7	3017	736	1575	5327	2739	8066	100,6
8	3363	828	1785	5976	2786	8762	112,1
9	3707	920	1995	6622	2833	9455	123,6
10	4051	1012	2100	7163	2880	10043	135,0
11	4396	1104	2310	7810	2927	10737	146,5
12	4740	1196	2520	8456	2974	11430	158,0
15	5761.	1472	3255	10488	3115	13603	192,0
18	6772	1748	3990	12510	3256	15766	225,7
21	7769	2024	4725	14518	3397	17915	259,0
24	8672	2300	5460	16432	3538	19970	289,1

Tabelle 90.

300 Arbeitstage. 100 Pferdekräfte.
Brennstoff: 30 Mk. p. 1000 kg. Anschaffungskosten: 39 000 Mk.

Tägliche Betriebszeit	Kraftkosten	Unterhalt u. Schmiere	Bedienung	Totale direkte Kosten	dazu indirekte	Gesamt-Kosten	Diff.
1	1188	218	575	1981	2902	4883	39,6
2	1619	327	805	2751	2958	5709	54,0
3	2049	436	1035	3520	3014	6534	68,3
4	2480	545	1150	4175	3070	7245	82,7
5	2911	654	1380	4945	3126	8071	97,0
6	3341	764	1610	5715	3182	8897	111,4
7	3772	873	1725	6370	3238	9608	125,7
8	4203	982	1955	7140	3294	10434	140,1
9	4633	1091	2185	7909	3350	11259	154,4
10	5064	1200	2300	8564	3406	11970	168,8
11	5494	1309	2530	9333	3462	12795	183,1
12	5925	1418	2760	10103	3518	13621	194,2
15	7202	1746	3565	12503	3686	16189	240,1
18	8464	2073	4370	14907	3854	18761	282,1
21	9712	2400	5175	17287	4022	21309	323,7
24	10840	2727	5980	19547	4190	23737	361,3

Tabelle 91.

360 Arbeitstage. 20 Pferdekräfte.
Brennstoff: 30 Mk. p. 1000 kg. Anschaffungskosten: 15 000 Mk.

Tägliche Betriebszeit	Kraftkosten	Unterhalt u. Schmiere	Bedienung	Totale direkte Kosten	dazu indirekte	Gesamt-Kosten	Diff.
1	307	77	330	714	1116	1830	10,2
2	425	115	462	1002	1140	2142	14,2
3	543	154	594	1291	1164	2455	18,1
4	661	192	660	1531	1188	2701	22,0
5	780	231	792	1803	1212	3015	26,0
6	898	269	924	2091	1236	3327	29,9
7	1016	308	990	2314	1260	3574	33,9
8	1134	346	1122	2602	1284	3886	37,8
9	1252	385	1254	2891	1308	4199	41,4
10	1372	423	1320	3113	1332	4445	45,7
11	1488	462	1452	3402	1356	4758	49,6
12	1606	500	1584	3690	1380	5070	53,5
15	1951	615	2046	4612	1452	6064	65,0
18	2288	730	2508	5526	1524	7050	76,3
21	2619	845	2970	6434	1596	8030	87,3
24	2919	960	3432	7311	1668	8979	97,3

Tabelle 92.

360 Arbeitstage. 30 Pferdekräfte.
Brennstoff: 30 Mk. p. 1000 kg. Anschaffungskosten: 19 000 Mk.

Tägliche Betriebszeit	Kraftkosten	Unterhalt u. Schmiere	Bedienung	Totale direkte Kosten	dazu indirekte	Gesamt-Kosten	Diff.
1	442	103	390	935	1410	2345	14,7
2	612	154	546	1312	1440	2752	20,4
3	782	206	702	1690	1470	3160	26,1
4	952	257	780	1989	1500	3489	31,7
5	1122	309	936	2367	1530	3897	37,4
6	1292	360	1092	2744	1560	4304	43,1
7	1463	412	1170	3045	1590	4635	48,8
8	1633	463	1326	3422	1620	5042	54,4
9	1803	515	1482	3800	1650	5450	60,1
10	1973	566	1560	4099	1680	5779	65,8
11	2143	618	1716	4477	1710	6187	71,4
12	2313	669	1872	4854	1740	6594	77,1
15	2809	824	2418	6051	1830	7881	93,6
18	3295	979	2964	7238	1920	9158	109,8
21	3771	1134	3510	8415	2010	10425	125,7
24	4204	1289	4056	9549	2100	11649	140,1

Tabelle 93.

360 Arbeitstage. 40 Pferdekräfte.
Brennstoff: 30 Mk. p. 1000 kg. Anschaffungskosten: 23 000 Mk.

Tägliche Betriebszeit	Kraftkosten	Unterhalt u. Schmiere	Bedienung	Totale direkte Kosten	dazu indirekte	Gesamt-Kosten	Diff.
1	565	128	450	1143	1704	2847	18,8
2	782	192	630	1604	1740	3344	26,1
3	1000	256	810	2066	1776	3842	33,3
4	1217	320	900	2437	1812	4249	40,6
5	1434	384	1080	2898	1848	4746	47,8
6	1652	448	1260	3360	1884	5244	55,1
7	1869	512	1350	3731	1920	5651	62,3
8	2086	576	1530	4192	1956	6148	69,5
9	2304	640	1710	4654	1992	6646	76,8
10	2521	704	1800	5025	2028	7053	84,0
11	2738	768	1980	5486	2064	7550	91,3
12	2956	832	2160	5948	2100	8048	98,5
15	3589	1024	2790	7403	2208	9611	119,6
18	4210	1216	3420	8856	2316	11172	140,3
21	4819	1408	4050	10277	2424	12701	160,6
24	5372	1600	4680	11652	2532	14184	179,1

Tabelle 94.

360 Arbeitstage. 60 Pferdekräfte.
Brennstoff: 30 **Mk.** p. 1000 kg. Anschaffungskosten: 29 000 Mk.

Tägliche Betriebszeit	Kraftkosten	Unterhalt u. Schmiere	Bedienung	Totale direkte Kosten	dazu indirekte	Gesamt-Kosten	Diff.
1	811	176	570	1557	2154	3711	27,0
2	1123	264	798	2185	2200	4385	37,4
3	1435	352	1026	2813	2246	5059	47,8
4	1747	440	1140	3327	2292	5619	58,2
5	2058	528	1368	3954	2338	6292	68,6
6	2370	616	1596	4582	2384	6966	79,0
7	2682	704	1710	5096	2430	7526	89,4
8	2994	792	1938	5724	2476	8200	99,8
9	3306	880	2176	6362	2522	8884	110,2
10	3617	968	2280	6865	2568	9433	120,6
11	3929	1056	2508	7493	2614	10107	131,0
12	4241	1144	2736	8121	2660	10781	141,4
15	5150	1408	3534	10092	2798	12890	171,7
18	6041	1672	4332	12045	2936	14981	201,4
21	6914	1936	5130	13980	3074	17054	230,5
24	7707	2200	5928	15835	3212	19047	256,9

Tabelle 95.

360 Arbeitstage. 80 Pferdekräfte.
Brennstoff: 30 Mk. p. 1000 kg. Anschaffungskosten: 33 000 Mk.

Tägliche Betriebszeit	Kraftkosten	Unterhalt u. Schmiere	Bedienung	Totale direkte Kosten	dazu indirekte	Gesamt-Kosten	Diff.
1	1081	221	630	1932	2466	4398	36,1
2	1497	331	882	2710	2520	5230	49,3
3	1913	442	1134	3489	2574	6063	63,8
4	2329	552	1260	4141	2628	6769	77,6
5	2744	663	1512	4919	2682	7601	91,5
6	3160	773	1764	5697	2736	8433	105,3
7	3576	884	1890	6350	2790	9140	119,2
8	3992	994	2142	7128	2844	9972	133,1
9	4408	1105	2394	7907	2898	10805	146,9
10	4823	1215	2520	8558	2952	11510	160,8
11	5239	1326	2772	9337	3006	12343	174,6
12	5655	1436	3024	10115	3060	13175	188,5
15	6867	1767	3906	12540	3222	15762	228,9
18	8055	2098	4788	14941	3384	18325	268,5
21	9219	2429	5670	17318	3546	20864	307,3
24	10276	2760	6552	19588	3708	23296	342,5

Tabelle 96.

360 Arbeitstage.   100 Pferdekräfte.
Brennstoff: 30 Mk. p. 1000 kg.   Anschaffungskosten : 39 000 Mk.

Tägliche Betriebszeit	Kraftkosten	Unterhalt u. Schmiere	Bedienung	Totale direkte Kosten	dazu indirekte	Gesamte Kosten	Diff.
1	1351	262	690	2303	2916	5219	45,0
2	1871	393	966	3230	2980	6210	62,4
3	2391	524	1242	4157	3044	7201	79,7
4	2911	655	1380	4946	3108	8054	97,0
5	3430	786	1656	5872	3172	9044	114,3
6	3950	917	1932	6799	3236	10035	131,7
7	4470	1048	2070	7588	3300	10888	149,0
8	4990	1179	2346	8515	3364	11879	166,3
9	5509	1310	2622	9441	3428	12869	183,6
10	6029	1441	2760	10230	3492	13722	201,0
11	6549	1572	3036	11157	3556	14713	218,3
12	7069	1703	3312	12084	3620	15704	235,6
15	8583	2093	4278	14954	3812	18766	286,1
18	10068	2486	5244	17798	4004	21802	335,6
21	11524	2879	6210	20613	4196	24809	384,1
24	12845	3272	7176	23293	4388	27681	428,2

Nachdem so die Kosten der einzelnen Betriebsarten für die verschiedensten Verhältnisse ermittelt sind, bleibt uns noch übrig, den Wert
des Abdampfes für solche Fälle festzustellen, in denen derselbe zur
Heizung benutzt werden kann, um einen einwandfreien Vergleich aller
Systeme vorzunehmen.

Hierbei mufs man jedoch im Auge behalten, dafs Abdampf nur von
einer, im Betrieb befindlichen Auspuffmaschine geliefert wird, also in
Fabriken zwar den ganzen Tag, bei solchen Maschinen aber, die nur für
Erzeugung elektrischen Lichtes dienen, hauptsächlich abends, auf welche
Tageszeit sich das Heizen jedoch blofs in Ausnahmefällen, wie bei
Theatern und grofsen Vergnügungslokalen beschränkt, und ist dann auch
eine gewisse Vor-Heizzeit nöthig, während welcher direkter Dampf vom
Kessel zu Hilfe genommen werden mufs.

Dieser Hochdruck-Dampf wird für Heizzwecke wegen der erforderlichen Wartung der Kessel natürlich teuerer, als der in den üblichen
Niederdruck-Heizkesseln erzeugte, die keiner Wartung bedürfen. — Unter-
suchen wir deshalb, wie sich die Sache gestaltet bei 10 und mehr täglichen Arbeitsstunden und für den günstigsten Fall, dafs der Abdampf
während der kalten Tage völlig für Heizzwecke benutzt wird, so dafs
dann die ganze, in ihm enthaltene Wärme zur Verwendung kommt.

Sein Heizwert ist erfahrungsmäfsig = 0,8 des direkt aus dem Kessel
strömenden Dampfes zu setzen, um den vielen Kondensations- u. s. w.

Verlusten, die er auf dem Wege vom Kessel bis zum Auspuffrohr erleidet, sowie der oft unvollkommenen Ausnutzung Rechnung zu tragen.

An jährlichen Heiztagen rechnet man für unsere Gegenden 180 bis 200, im Mittel also 190, von denen aber nur an wenigen Tagen von früh bis spät geheizt wird, derart, daſs als wirkliche Heizzeit die Hälfte bis zwei Drittel, im Mittel also $\dfrac{0,5 + 0,66}{2} = 0,58$ dieser Zeit verbleiben $= 0,58 \cdot 190 = 110$ volle Tage von 365, also rund 30% der Gesamtzeit.

Während derselben würde der Abdampf ausgenutzt werden können, oder es müſste an seiner Stelle 0,8 mal so viel direkter Dampf erzeugt werden. Das macht aber $0,8 \times 30 = 24\%$, wofür wir sagen wollen 25% der gesamten für die Maschinen nötigen Dampfmenge.

Da für die Erzeugung dieses Heiz-Dampfes dieselben Bedingungen vorliegen wie für die Erzeugung des Betriebsdampfes, so können wir auch seine Kosten setzen gleich rund 25% der, für letzteren in Ansatz gebrachten, Beträge der Tabellen für die Kraftkosten der Auspuffmaschinen.

Sie stellen sich demnach, wie folgt:

Tabelle 97.

bei 300 Arbeitstagen — Dampfpreis: 2 Mk.

Tägliche Betriebszeit	Gröſse der Anlage. Pferdekräfte							
	10	20	30	40	50	60	80	100
10	427	782	1067	1315	1555	1813	2346	2844
11	460	843	1150	1418	1678	1954	2529	3066
12	493	904	1233	1520	1798	2096	2712	3287
15	591	1084	1479	1824	2156	2514	3252	3942
18	688	1262	1722	2123	2511	2928	3787	4593
21	784	1438	1962	2419	2863	3338	4317	5236
24	880	1614	2202	2715	3212	3745	4846	5874

Tabelle 98.

Dampfpreis: 2.50 Mk.

Tägliche Betriebszeit	Pferdekräfte							
	10	20	30	40	50	60	80	100
10	534	977	1334	1644	1944	2266	2933	3550
11	575	1054	1437	1772	2098	2443	3162	3832
12	616	1130	1541	1900	2247	2620	3390	4109
15	739	1353	1849	2280	2695	3142	4065	4928
18	860	1578	2152	2654	3139	3660	4734	5741
21	980	1798	2452	3024	3579	4167	5396	6545
24	1100	2018	2752	3394	4015	4681	6058	7343

Tabelle 99.

Dampfpreis: 3 Mark.

Tägliche Betriebszeit	Pferdekräfte							
	10	20	30	40	50	60	80	100
10	640	1173	1600	1973	2332	2719	3520	4266
11	690	1264	1725	2127	2518	2932	3794	4599
12	739	1356	1850	2281	2697	3144	4069	4934
15	887	1627	2218	2736	3234	3771	4879	5914
18	1033	1894	2583	3185	3767	4392	5680	6890
21	1177	2158	2943	3629	4295	5007	6475	7854
24	1321	2422	3303	4073	4819	5618	7270	8812

Vorstehende Summen geben den Aufwand für die Heizung an, wenn diese so grofs ist, dafs sie bei voller Anstellung gerade den gesamten Abdampf der Maschine verbraucht.

Für andere Preise und für 360 Arbeitstage sind die Leistungen zur Heizung in derselben Weise zu berechnen.

Da für die Erzeugung des Heizdampfes ein besonderer Kessel oder eine Vergröfserung der vorhandenen Kessel nötig wird, wenn kein Auspuffdampf zur Verfügung steht, so sind die Anschaffungskosten hiervon, resp. ihre Verzinsung und Amortisation noch zu berücksichtigen, um ein vollständiges Bild zu erhalten. — Verwendet man Niederdruck-Dampf, dessen Herstellung keine besondere Wartung erfordert und dessen Heizkraft ca. 25% besser ist, als diejenige vom Abdampf, so braucht man für dieselbe Leistung ca. 0,8 mal so viel Kesselheizfläche, als zur Erzeugung des Betriebsdampfes der Maschinen, was bei Zugrundelegung einer Verdampfung von 15 kg per Quadratmeter und Stunde folgende Gröfsen ergiebt für die Heizkessel, bei Anlagen nachstehenden Umfanges:

Tabelle 100.

Pferdekräfte:		10	20	30	40	50	60	80	100
Stündl. Dampf-	d. Masch.	240	440	600	740	875	1020	1320	1600
verbrauch in kg	d. Heizg.	192	352	480	592	700	816	1056	1280
Heizfläche d. Kessels in qm		13	24	32	40	47	54	70	85
Preis, einschl. Zubehör und Einmauerung in Mk.		1600	2100	2700	3300	3900	4600	5300	6000

Berechnet man für Verzinsung und Amortisation rund 10%, so erhält man die Werte, welche den, für den Aufwand an Brennstoff zur Heizung, gefundenen Beträgen hinzu zu rechnen sind, um die Gesamtbetriebskosten derselben zu bekommen.

Diese, den Werten der Tabellen 97, 98, 99 hinzu zu rechnenden in-direkten Kosten betragen bei:

10	20	30	40	50	60	80	100 Pfdkr.
160	210	270	330	390	470	530	600 Mk. pro anno.

Man kommt demnach ungefähr auf dieselben Kosten bei einer ein-fachen Auspuffmaschine, deren gesamter Abdampf während der Heizzeit zur Heizung benutzt wird, sonst aber ins Freie pufft, wie bei einer Kondensationsmaschine mit besonderem Heizkessel.

Sofern jedoch nur ein Teil des Abdampfes zur Heizung Verwendung finden kann, ist sein Nutzen entsprechend geringer anzuschlagen, während überall dort, wo er während des ganzen Jahres gebraucht wird, dies von grofsem Einflufs auf die Gesamtkosten ist.

Bei Betrieben mit Gas wird man in erster Linie für die Heizung auch Gas in Frage ziehen und zwar in der Weise, dafs man eine Nieder-druck-Dampfheizung einrichtet, deren Kessel mit Gas geheizt wird, da die Aufstellung einzelner Öfen, in denen dasselbe direkt zur Verbrennung gelangt, sich weniger empfiehlt wegen der vielen Feuerstellen, sowie wegen der Aufmerksamkeit, welche dem ordnungsmäfsigen Brennen zu-gewandt werden mufs, um Unfällen u. s. w. durch Entstehung und Ver-breitung giftiger Gase vorzubeugen.

Es ist sonst die Ausnutzung der Verbrennungswärme in solchen Öfen eine sehr gute und beträgt bis zu 90%, weshalb man hoffen darf, dafs sie in guten Kesselfeuerungen nicht viel geringer ausfällt, doch sind trotzdem nur die billigeren Heizgase, speziell Dowsongas verwendbar, da Leuchtgas sehr teuer wird, wie nachstehende Betrachtung zeigt.

1 cbm Leuchtgas à 5000 W.-E. liefert bei 90% Ausnutzung 4500 W.-E., womit unter normalen Verhältnissen $\frac{4500}{600} = 7\frac{1}{2}$ kg Wasser verdampft werden können.

Kostet der Kubikmeter Gas 12 Pfg., so stellen sich $7\frac{1}{2}$ kg Dampf auch auf 12 Pfg., oder 1000 kg auf Mk. 16,—, während sie bei direkter Kohlenfeuerung mit Mk. 2.— bis Mk. 3.— zu erzeugen sein würden.

Dagegen entstehen bei der Dowsongas-Bereitung aus 1 kg Brennstoff 4 bis $4\frac{1}{2}$ cbm Gas von zusammen ca. 5500 W.-E., welche bei 90% Nutz-effekt 4950 W.-E. leisten, womit $\frac{4950}{600} =$ ca. 8,25 kg Dampf zu bilden sind. — Setzen wir den Preis des Brennstoffes für die Gaserzeugung, wie vorhin, zu 2 bis 4 Pfg. per Kilogramm, so ergiebt dies für 1000 kg Dampf Mk. 2.42 bis Mk. 4.84, welcher Preis demjenigen bei Kohlen-feuerung ziemlich nahe kommt, jedoch immer höher bleibt.

Ebenso wie Gasbetrieb in der verschiedensten Art vorkommt, ebenso verwendet man nicht blofs sogenannten gesättigten Dampf, sondern auch überhitzten, Heifsdampf und Kaltdampf, doch kann von deren eingehender Besprechung hier abgesehen werden, da der Nutzen mäfsig überhitzten Dampfes nur gering ist; über Kaltdampf liegen Erfahrungsresultate noch nicht vor und über Heifsdampf lassen sich zuverlässige Angaben betreffs der Gesamtwirkung bei den, hier in Betracht kommenden, geringen Kräften noch nicht machen. — Wohl vermindert sich der Dampfverbrauch meistens um 25—30 %, doch lässt die Ausnutzung des Brennstoffs in den Kesselanlagen oft noch zu wünschen übrig. —

Um nun zu zeigen, in welcher Weise die verschiedenen Tabellen und Angaben in der Praxis anzuwenden sind, mögen hier einige Beispiele Platz finden.

Aufgabe 1.

In einer Maschinenfabrik werden 30 Pferdestärken gebraucht, und zwar durchschnittlich täglich 10 Stunden an 300 Arbeitstagen. — Als Brennstoff steht zur Verfügung westphälische Steinkohle mittlerer Güte zum Preise von Mk. 18.— und Anthracit-Kokes-Gemisch für Dowsongasbetrieb zu Mk. 26.— per 1000 kg frei Fabrikhof, resp. Gas per Kubikmeter zu 12 Pfg. — Wie hoch stellen sich ungefähr die Betriebskosten der günstigsten Anlage?

Antwort.

Westphälische Kohle entwickelt im Mittel 7500 Cal. nach Tabelle 9 und verdampft 1 kg davon rund 7,5 kg Wasser, mithin kosten 1000 kg Dampf $\frac{18}{7,5}$ = Mk. 2.40. — In Tabelle 49 finden wir, dafs eine 30 pferd. Auspuffmaschine bei 10 stündiger Betriebszeit und bei einem Dampfpreis von Mk. 2.50 einen jährlichen Aufwand erfordert von Mk. 8309.— und finden als Differenz für einen, um 10 Pfg. anderen Preis Mk. 204.60. — Mithin betragen die Gesamtkosten bei einem Dampfpreis von Mk. 2.40 nur 8309 ÷ 205 = Mk. 8104.

Eine Kondensationsmaschine dagegen kostet nach Tabelle 55 bei Mk. 2.50 Dampfkosten Mk. 7029.—, Differenz Mk. 153.— also für Mk. 2.40 nur 7029.— ÷ 153 = Mk. 6876.—

Für einen Gasmotor gleicher Gröfse sind bei 12 Pfg. Gaspreis wieder nach Tabelle 49 aufzuwenden Mk. 8288.—

Für Dowson-Gas finden wir unter Tabelle 86 Mk. 5059.— Bei einem Brennstoffpreis von Mk. 30.— und Mk. 55.— pro 1 Mk. Differenz, so dafs sich für den vorliegenden Fall ergiebt Mk. 5059.— ÷ 4 × 55 = Mk. 4839.— Kann man den Abdampf der Maschine zu ungefähr zwei Dritteln für Heizzwecke verwerten, so repräsentiert dies nach Tabelle 98 einen Wert von $^2/_3$, Mk. 1334.— bei einem Dampfpreis von Mk. 2.50. Wie wir aber wissen, sind obige Mk. 1334.— = 25 % des gesamten Dampfverbrauchs der Maschine, also beträgt die sogenannte Differenz pro 10 Pfg. Minder-Dampfpreis für die Heizung auch 25% von der Differenz, auf den Maschinenkonsum $= \frac{205}{4} =$ Mk. 51.—. Es gestaltet sich hiernach die für die Heizung einzusetzende Summe $= \frac{2}{3}$ (1334 ÷ 51) + 270.— für Zinsen und Amortisation = Mk. 1125.—. Rechnen wir diesen Betrag demjenigen für den Gasbetrieb, sowie dem einer Kondensationsmaschine hinzu, so stellen sich die Kosten einschliefslich Fabrikheizung in folgender Weise:

1. Gasbetrieb = 8288 + 1125 = Mk. 9413.—;
2. Auspuffmaschine = Mk. 8316.—;
3. Kondensationsmaschine — 7039 + 1125 = Mk. 8164.—;
4. Dowson-Gasbetrieb: 4839 + 1125 = Mk. 5964.—.

Die Anschaffungskosten betragen für 1. Mk. 9000.— + Mk. 2100.— für Kesselanlage, für 2. Mk. 17 000.— und für 3. Mk. 17 000.— + Mk. 2100.— und für 4. Mk. 19 000.— + Mk. 2100.—.

Aufgabe 2.

Zum Betriebe eines Gebläses sind auf einem grofsen Werke täglich während 5 Stunden 60 Pferdestärken notwendig. — Der Dampfpreis stellt sich auf Mk. 3.— per 1000 kg, wogegen Gas zu 12 Pfg. pro Kubikmeter zu haben ist. Abdampf kann weder zu Heiz-, noch anderen Zwecken ausgenutzt werden.

Antwort.

Im vorliegenden Falle sind die Werte direkt den Tabellen 52 und 56 zu entnehmen.

Es kostet danach der Betrieb im Jahre von 300 Arbeitstagen

einer 16 pferd. Auspuffmaschine . . . . Mk. 9824.—,
  »   »   »   Kondensationsmaschine . . . . » 8591.—,
  »   »   »   komp. Kondensationsmaschine . . . . . » 7460.—,
  »   »   »   Gasmaschine . . . . » 8225.—,
wogegen die Anschaffungskosten der Dampfanlagen sich stellen auf Mk. 29 000.—, die des Gasbetriebs auf ca. Mk. 15.000.—

Aufgabe 3.

Für Wasserhaltungszwecke werden auf einem Tagebau fortwährend 40 Pferdestärken benötigt, doch kann Abdampf nicht benutzt werden: der Betrieb erstreckt sich auf 360 Tage à 24 Stunden im Jahre. Als eventuelle Heizmittel steht mitteldeutsche Braunkohle von höchstens 2500 C. Heizwert und zu einem Preis von Mk. 65.— frei Verbrauchsstelle zur Verfügung. Aufserdem kann Leuchtgas zum Betriebe benutzt werden, welches zu 13 Pfg. per Kubikmeter abgegeben wird, sowie Dowson-Gas zum Preis von Mk. 36.— pro 1000 kg Brennstoff.

Antwort.

Nach Tabelle 62 kostet der Betrieb eines 40pferd. Gasmotors bei 10 Pfg. Gaspreis in 360 Tagen à 24 Stunden jährlich Mk. 24 864.— und beträgt die Differenz per 1 Pfg. Mehrpreis Mk. 1987.—. Mithin kostet der gesamte Betrieb in diesem Falle Mk. 24 864.— $+ 3 \cdot 1987$ = Mk. 30 825.—

Dampf kostet dagegen $\dfrac{6{,}40}{2{,}5}$ = Mk. 2.60 per 1000 kg, da 1000 kg Brennstoff von 2,5facher Verdampfung Mk. 6.50 kosten.

Nach Tabelle 69 betragen die jährlichen Ausgaben für eine 40pferd. Auspuffmaschine und die angegebene Arbeitszeit bei Mk. 2.50 Dampfpreis Mk. 24 502.—, und die Differenz pro 10 Pfg. Mk. 640.—. Abdampf läfst sich nicht verwerten, also kostet dieser Betrieb jährlich 24 502 + 640 = Mk. 25 142.—

Für eine Kondensationsmaschine gleicher Gröfse erhalten wir nach Tabelle 74 Mk. 20 610.— + 484 = Mk. 21 094.—, und für einen Dowson-Gasmotor nach Tabelle 93 Mk. 14 184.— $+ 6 \times 179$ = 15 258.—, so dafs die verschiedenen Kosten sich stellen:

40pferd. Kondensationsmaschine . . . . . Mk. 21 094.—,
» » Gasmotor . . . . » 30 825.—,
» » Auspuffmaschine . . . . » 25 142.—,
» » Dowson-Gasbetrieb . . . . » 15 258.—.

Die Anschaffungskosten des Dampfbetriebes sind dabei veranschlagt zu Mk. 21 000.—, die des Betriebes mit Leuchtgas zu Mk. 11 000.— und desjenigen mit Dowson-Gas zu Mk. 23 000.—.

Aufgabe 4.

Zum Betrieb einer kleinen Fabrik mit 12 täglichen Arbeitsstunden zu 300 Arbeitstagen werden 10 Pferdekräfte benötigt. Die Dampfkosten stellen sich am Ort auf Mk. 2.85 per 1000 kg, das Gas auf 10 Pfg. per Kubikmeter. Sämtlicher Auspuffdampf läfst sich zu Heizzwecken verwerten.

Antwort.

Die Betriebskosten giebt uns Tabelle 47 bei Gasmotoren mit Mk. 3328.— jährlich an, während sie sich für einen Dampfpreis von Mk. 2.50 auf Mk. 4491.— stellen, mit Mk. 96.— Differenz. Für Mk. 2.85 sind also hinzu zu rechnen $3{,}5 \cdot 96$ = Mk. 336.—.

Die Heizkosten betragen bei Mk. 2.50 Dampfpreis nach Tabelle 98 Mk. 616.—, wozu an Mehrkosten des Dampfes treten $\dfrac{336}{4}$ = Mk. 84.— aufser Mk. 160.— an Verzinsung und Amortisierung des Heizkessels.

Hiernach verhalten sich die Kosten für beide Betriebsarten:

a) für Gasmotoren: Mk. 3328 + 616 + 84 + 160 = Mk. 4188.—,
b) für Dampf: Mk. 4494 + 336 = Mk. 4830.—,

wogegen die Anlagekosten sich stellen

für Gas auf ca. Mk. 5000 + Mk. 1600.— für den Heizkessel,
» Dampf auf ca. Mk. 9000.—.

Aufgabe 5.

Für die elektrische Beleuchtung eines Geschäftshauses werden all-abendlich bis 8 Uhr gebraucht ca. 100 Pfd. Die Heizung benötigt un-gefähr die Hälfte des Dampfes einer so großen Maschine, doch wird von der Verwendung des Abdampfes abgesehen, da die Maschine verhältnis-mäßig viel zu kurze Zeit in Betrieb ist. Kondensation läßt sich nicht einrichten. Gas kostet 10 Pfg. per Kubikmeter, Dampf ca. Mk. 2.50 per 1000 kg.

Antwort.

Nach dem Kalender für Elektrotechniker hat das ganze Jahr circa 700 Lichtbrennstunden vom Eintritt der Dunkelheit bis 8 Uhr abends. Hiervon gehen für ein Geschäftslokal noch ca. 90 Sonntagsstunden ab, so daß nur verbleiben 610 Arbeitsstunden. Dies entspricht ungefähr einem Betrieb von durchschnittlich 2 Stunden täglich an 300 Arbeits-tagen, für welchen uns Tabelle 54 die Werte angibt:

für Gasbetrieb: Mk. 5714.—.
» Dampfbetrieb: » 8544.—.

Dabei kostet die Gasbetriebsanlage ca. Mk. 23,000.— und die Dampf-betriebsanlage ca. Mk. 41 000.—.

Aufgabe 6.

In einer Schlosserei sind zum Betrieb von Werkzeugmaschinen ge-legentlich 2 Pferdekräfte erforderlich, und zwar täglich durchschnittlich ca. 2 Stunden. — Es ist ein Elektricitätswerk am Ort, welches die Kilowatt-stunde mit 20 Pfg. liefert, wogegen die städtische Gasanstalt für den cbm Leuchtgas 15 Pfg. verlangt, und steuerfreies Benzin sich auf 30 Pfg. pro kg stellt?

Antwort:

Nach Tabelle 45 kostet täglich 2 stündiger elektrischer Betrieb pro Jahr von 300 Arbeitstagen Mk. 319.—.

Gasbetrieb stellt sich nach Tabelle 46 bei 12 Pfg. Gaspreis auf Mk. 328.—, bei 10 Pfg. Gaspreis auf Mk. 305.—, so daß die Differenz für 2 Pfg. ausmacht jährlich Mk. 23.— und für 3 Pfg. somit Mk. 34.50. Der Gasbetrieb kostet somit, bei 15 Pfg. Gaspreis, jährlich Mk. 362.50.

Nach Tabelle 81 leisten 0,55 kg Benzin dasselbe, wie 1 cbm Leuchtgas und kostet dieses Quantum 0,55 × 30 = 16,5 Pfg., so dafs Benzinbetrieb
328 + (4,5 × 11,5) = Mk. 380.— jährliche Kosten verursachen würde.
Hiernach stellt sich jährlich:

Elektrischer Betrieb . . Mk. 319.—,
Gasbetrieb . . . . . . » 362.50,
Benzinbetrieb: . . . . » 380.—.
Anlagekosten ca. Mk. 700, Mk. 1800 und Mk. 1900.

Aufgabe 7.

In einem ländlichen Anwesen werden für Pumpenbetrieb 4 Pferdekräfte
benötigt und zwar an allen Wochentagen etwa 8 Stunden. — Electricität
zu 20 Pfg. pro Kilowattstunde steht zur Verfügung, aufserdem Spiritus
zu Mk. 25.— pro 100 kg, und Petroleum zu Mk. 20.— pro 100 kg.

Antwort:

Elektrischer Betrieb stellt sich in diesem Falle nach Tabelle 45 jährlich auf Mk. 1968.—.

Bei Spiritus haben 0,75 und bei Petroleum etwa 0,65 kg den gleichen
Wert, wie 1 cbm Leuchtgas und kosten 18,75 bezw. 13 Pfg.

Bei 10 Pfg. Gaspreis betrugen die Kosten Mk. 1494.— und die
Differenz pro 10 Pfg. Mk. 99.— nach Tabelle 46.

Mithin kostet in diesem Fall:

1. Elektrischer Betrieb . . . . = Mk. 1968.—,
2. Spiritusbetrieb . . . 1494 + (8,75 × 99) = » 2360.—,
3. Petroleumbetrieb . . 1494 + (3 × 99) = » 1791.—.

Anlagekosten ca. Mk. 1100, Mk. 1700 und Mk. 1700.

Aufgabe 8.

Ein grofses Vergnügungslokal mit Varieté-Theater benötigt für die
elektrische Beleuchtung, welche im wesentlichen in die Zeit von 7 bis
11 Uhr abends fällt, ca. 600 Amp. bei 110 V = 66 Kilowatt, entsprechend
110 Pferdestärken und für die Beheizung einen Kessel von ca. 83 qm.

Benutzt werden die Räume alle Tage, mit Ausnahme von 2 Monaten
Pause im Sommer, so dafs auf diesen 4 . 120 = 480 Stunden und auf
den Winter 4 . 180 = 720 Betriebsstunden fallen.

Zum Kesselheizen steht mitteldeutsche Braunkohle zur Verfügung
von ca. 2300 W.-E. bei einem Preis von Mk. 55.— pro 10000 kg, frei
Verbrauchsort, einschliefslich Aschenabfuhr.

Leuchtgas kostet 12 Pfg. pro cbm und der Brennstoff für Dowson-
gaserzeugung stellt sich auf Mk. 420.— pro 10000 kg, franco Kesselhaus.

Antwort:

Anstatt obiger 4 Stunden Betriebszeit sollen täglich 5 Stunden an-genommen werden, für etwaiges Batterieladen und sonstige Zwecke und sind der Berechnung die Tabellen für 360 Arbeitstage zu Grunde zu legen, wobei zu berücksichtigen ist, dafs für die Betriebskosten nur $^5/_6$ der direkten, für die indirekten und für die Heizung die vollen Werte dieser Tabellen eingesetzt werden müssen, — da nur eine, aber lange Pause in Betracht kommt, welche in den Sommer fällt. — Bemerkt sei noch, dafs die Heizzeit während des Winters sich nicht blofs auf die Betriebszeit der Maschinen beschränkt, sondern sich über den ganzen Tag ausdehnt; für den Vergleich der einzelnen Betriebskosten handelt es sich jedoch nur darum, wie grofs die Ersparnisse sind, welche sich aus der Verwendung des Abdampfes zur Heizung ergeben.

Für den Dampfbetrieb haben wir einen Dampfpreis von $\dfrac{5,5}{2,3} = \text{Mk. } 2.40$, und erhalten dementsprechend

a) nach Tabelle 72 bei einer 100 pferd. Auspuffmaschine:

$$\frac{5 \cdot (11\,682 - 370)}{6} + 3\,266 \quad \ldots \ldots = \text{Mk. } 12\,693.—.$$

b) nach Tabelle 77 für eine 100 pferd. Kondensmaschine:

$$\frac{5 \; (9\,659 - 289)}{6} + 3\,266 \quad \ldots \ldots = \text{Mk. } 11\,074.—.$$

c) nach Tabelle 80 für eine Comp.-Kondensmaschine:

$$\frac{5 \cdot (7\,987 - 222)}{6} + 3\,266 \quad \ldots \ldots = \text{Mk. } 9\,737.—.$$

d) nach Tabelle 72 und 77, wenn im Sommer mit Kondensation, im Winter mit Auspuff gearbeitet wird:

$$\underset{\text{(Winter)}}{\frac{11\,682 - 370}{2}} + \underset{\text{(Sommer)}}{\frac{9\,659 - 289}{3}} + \underset{\text{(indir. Kosten)}}{3\,266} = \text{Mk. } 12\,051\,—.$$

Für die Heizung ist zu berücksichtigen, dafs der Abdampf nur während des Winterhalbjahres verwertet werden kann, und zwar nach früherem in einer Menge entsprechend 25 % des Gesamtverbrauchs, welcher sich für 360 Tage bei täglich 5 stündiger Betriebszeit, für eine 100 pfdkr. Anspuffmaschine und Mk. 2.40 Dampfpreis nach Tabelle 72 beziffert auf 9 240 — 370 = Mk. 8 870.—. Sein Wert beträgt also in diesem Falle 0,25 . 8870 = Mk. 2 218.— pro anno.

Hierzu ist bei Gasbetrieben und Kondensmaschinen noch die Verzinsung und Amortisation eines Heizkessels mit Mk. 600.— nach Tabelle 100 zu rechnen.

Verwendet man Leuchtgas, so kostet der Betrieb nach Tabelle 54 für eine 100 pferdige Anlage bei 5 × 300 Arbeitsstunden jährlich und 12 Pfg. Gaspreis: Mk. 12 714.—.

Für Dowsongas stellt sich der Preis folgendermaſsen, unter Berücksichtigung des beim Dampfbetrieb erwähnten, und bei Mk. 42.— Brennstoffpreis, nach Tabelle 96:

$$\frac{5 \cdot (5\,872 + 12 \cdot 114{,}3)}{6} + 3\,172 = \text{Mk. } 9\,208.{-}.$$

Hiernach betragen die jährlichen Kosten:

1. für Dampfbetrieb:
   - a) Auspuffmaschine: . . . . Mk. 12 693.—
   - b) Kondensmaschine: . 11 074 + 2 218 + 600 = » 13 892.—
   - c) Komp. Kond.-Maschine: 9 737 + 2 218 + 600 = » 12 555.—
   - d) Sommer Kondens-, Winter Auspuffmaschine: . » 12 051.—

2. Leuchtgas: . . . . 12 714 + 2 218 + 600 = » 15 532.—

3. Dowsongas: . . . . 9 208 + 2 218 + 600 = » 12 026.—

Die Anlagekosten belaufen sich auf:

bei 1a und 1d: ca. Mk. 41 000.—, wenn in letzterem Falle noch ca. Mk. 500.— für Vergröſserung des Kessels zu rechnen sind

bei 1b und 1c: ca. Mk. 41 000 + 6 000 = 47 000.—,

» 2: . . . ca. » 23 000 + 6 000 = 29 000.—,

» 3: . . . ca. » 39 000 + 6 000 = 45 000.—.

Bei den Kondensations- und bei den Gasmotoren treten hierzu noch die Ausgaben für Beschaffung des Kühlwassers, wenn solches nicht aus einem vorbeiflieſsenden Bach, oder einem Teich zu entnehmen ist.

Auſserdem kommen in vorstehenden 6 Fällen hinzu die Kosten für die Heizung während der Zeit, in welcher die Maschinen still stehen.

Aus diesen Beispielen geht zur Genüge hervor, und deutlicher, als aus den Tabellen, daſs eine ganze Reihe Faktoren die Rentabilität der verschiedenen Betriebsarten beeinfluſsen, und daſs die Ausnutzung des Abdampfes zu Heizzwecken eine sehr bedeutende Rolle spielt. Sie ist auch gröſser, als der Einfluſs der Kondensation, und läſst sich noch bedeutend steigern, wenn man den Betriebsdampf so heiſs in die Maschine schickt, daſs er sie noch trocken verläſst, also noch seine ganze Verdampfungswärme hat.

Dasselbe erreicht man jedoch durch mäfsige Überhitzung des Abdampfes, welche deshalb überall da zu empfehlen ist, wo der Abdampf ganz und immer zu Heizzwecken gebraucht werden kann, wie in Färbereien etc.

Dort jedoch, wo dies nicht möglich ist, und die Preise des für Dowson-gaserzeugung erforderlichen Brennstoffs mäfsig sind, wird die Billigkeit dieses Betriebes bei mittleren Anlagen durch Dampf schwer zu über-treffen sein.

Aufser der reinen Kostenfrage sind jedoch noch event. Belästigungen durch Rauch und Rufs, durch die Abwässer, sowie die Möglichkeit der Wasserbeschaffung u. dgl. zu berücksichtigen, so dafs nur von Fall zu Fall bestimmt werden kann, welche Betriebsart sich am meisten empfiehlt.

Sachregister.

Verlag von **R. Oldenbourg** in **München** und Berlin.

Berechnung und Konstruktion
der
Schiffsmaschine
zum Gebrauch für

Konstrukteure, Betriebsingenieure, See-
maschinisten und Studierende
von
Dr. G. Bauer,
Schiffsmaschinenbauingenieur.

Mit mehreren Tafeln und zahlreichen Textfiguren.
ca. 30 Druckbogen kl. 8°.   Preis geb. ca. **M. 12.—.**
(In Vorbereitung.)

Taschenbuch
für
Monteure elektr. Beleuchtungsanlagen.
Von
S. Freiherr von Gaisberg,
Ingenieur.

Mit zahlreichen in den Text gedruckt. Abbildungen.
Zweiundzwanzigste umgearbeitete u. erweit. Auflage.
In Leinwd. geb. Preis **M. 2.50.**

Grundriss
der
Technischen Elektrochemie
auf theoretischer Grundlage
von
Dr. Fritz Haber,
Privatdozent für technische Chemie an der technischen
Hochschule Karlsruhe i. B.

XII und 573 Seiten 8°.   Preis geb. **M. 10.—.**
Vergriffen! Neue Auflage erscheint Ende 1901.

Zu beziehen durch jede Buchhandlung.

Verlag von **R. Oldenbourg** in **München** und **Berlin.**

MITTHEILUNGEN

AUS DEM

MASCHINEN-LABORATORIUM

DER

KGL. TECHNISCHEN HOCHSCHULE

ZU

BERLIN.

HERAUSGEGEBEN ZUR
HUNDERTJAHRFEIER DER HOCHSCHULE
VON

PROFESSOR E. JOSSE

VORSTEHER DES MASCHINEN-LABORATORIUMS.

I. HEFT: **Die Maschinen, die Versuchseinrichtungen und Hülfsmittel des Maschinen-Laboratoriums.** Mit 73 Textfiguren und 2 Tafeln. IV und 78 Seiten Gr. 4⁰. Preis M. **4.50.**

II. HEFT: **Versuche.** Mit 39 Textfiguren. IV und 49 Seiten Gr. 4⁰. Preis M. **3.—.**

III. HEFT: **Neuere Erfahrungen und Versuche mit Abwärme-Kraftmaschinen.** Mit 20 Textfiguren. 42 Seiten. gr. 4⁰. Preis **M. 2.50.**

MOTOR-POSTEN.

Von

Dr. G. SCHAETZEL,

k. Postoffizial.

Technik und Leistungsfähigkeit der heutigen Selbstfahrersysteme und deren Verwendbarkeit für den öffentlichen Verkehr.

84 Seiten mit Abbildungen. gr. 8⁰.
Preis M. 2.—.

Zu beziehen durch jede Buchhandlung.

www.ingramcontent.com/pod-product-compliance
Lightning Source LLC
Chambersburg PA
CBHW070241230326
41458CB00100B/5806